基于模拟植物生长算法的空间结构优化方法

石开荣　姜正荣　潘文智　著

科 学 出 版 社

北 京

内 容 简 介

本书将模拟植物生长算法引入结构工程领域,系统介绍了算法的系列创新机制及其空间结构优化方法与应用。首先分析了模拟植物生长算法的特点;然后针对其存在的问题与局限性,提出多种算法新机制,并详细介绍了相关原理、优化流程及其在空间结构优化中的应用。

本书内容新颖,兼具理论性与实践性特点,适合土木工程专业的高校师生阅读,也可作为土木工程领域广大科研人员和工程技术人员的参考用书。

图书在版编目(CIP)数据

基于模拟植物生长算法的空间结构优化方法 / 石开荣,姜正荣,潘文智著. —北京:科学出版社,2022.6

ISBN 978-7-03-072420-5

Ⅰ.①基… Ⅱ.①石… ②姜… ③潘… Ⅲ.①空间结构—研究 Ⅳ.①TU399

中国版本图书馆 CIP 数据核字(2022)第 092903 号

责任编辑:郭勇斌 邓新平 方昊圆 / 责任校对:杜子昂
责任印制:张 伟 / 封面设计:刘 静

科 学 出 版 社 出版
北京东黄城根北街 16 号
邮政编码:100717
http://www.sciencep.com

北京厚诚则铭印刷科技有限公司 印刷
科学出版社发行 各地新华书店经销

*

2022 年 6 月第 一 版 开本:720 × 1000 1/16
2023 年 7 月第二次印刷 印张:13 1/4 插页:2
字数:258 000

定价:98.00 元
(如有印装质量问题,我社负责调换)

前　言

空间结构集力学、结构形态学、材料学、高水平的施工安装工艺等为一体，是衡量一个国家土木建筑科学水平的重要标准之一。但近年来，随着结构跨度的进一步增大，以及结构造型的日益复杂化，传统的结构设计理念和方法因受人为因素影响较大、材料利用率不高、结构效率较低等，已不能满足其发展需求。因此，为避免传统结构设计的弊端，合理选择结构方案，充分发挥材料性能，提高结构效率，创新结构体系，结构设计应采取科学高效的分析设计手段，即工程结构优化理论与方法。另外，以生物、生态系统、物理系统和化学系统为基础的智能算法，是当前求解优化问题的前沿与主流方法，相比以梯度为基础的传统优化方法具有更为高效、稳定、便捷等优势。在目前多种智能算法中，相比于遗传算法、蚁群算法、模拟退火算法、粒子群算法等，新型模拟植物生长算法（PGSA）是由我国学者首次自主提出。该算法以植物向光性机理为启发准则，分开处理目标函数和约束条件，参数设置简单，可处理复杂病态型优化问题。

为此，本书作者面向工程建设与智能建造需求，聚焦前沿优化理论，首次将模拟植物生长算法引入结构工程领域，对空间结构的优化方法进行了近十年的研究与应用。全书共八章，总体可分为三大部分内容：第一部分内容即本书的第1、2章，简要介绍了模拟植物生长算法的基本原理、实现流程及其算法特点分析等；第二部分内容，依据模拟植物生长算法的基本原理，给出了十多种算法创新机制，如基于概率的生长空间缩聚机制、形态素浓度计算的精英机制、智能变步长机制、混合步长并行搜索机制和双生长点并行生长机制等；第三部分内容则依据算法创新机制，提出并介绍了空间结构的系统优化方法及其应用，包括截面优化、预应力优化设计、形状优化设计及拓扑优化设计等；其中第二、三部分内容穿插于本书的第3—8章。

本书由石开荣主笔，姜正荣、潘文智辅助，全书由石开荣负责统一定稿。本书写作过程中得到了陈前、阮智健、林全攀、吕俊锋、林金龙、陈润洋的协助和支持，在此表示感谢。

本书中的研究工作得到了华南理工大学亚热带建筑科学国家重点实验室开放

课题（2012KB31，2019ZB27）、广东省现代土木工程技术重点实验室资助项目（2021B1212040003）、广州市科技计划项目（1563000257）等支持，特此致谢！

由于作者水平有限，书中难免存在不足之处，恳请读者批评指正。

石开荣

2022 年 5 月于华南理工大学

目　　录

彩图

第1章 绪 论

1.1 工程结构优化设计

结构优化是根据既定的结构体系、荷载工况、材料和规范所规定的各种约束条件（如构件强度、刚度、稳定性和尺寸等），构建出相应的结构优化设计的数学模型（设计变量、目标函数和约束条件等），采用合适的优化方法求解优化问题，其过程为结构分析、优化设计、再分析、再优化，不断反复直至满足终止机制[1]。

传统的结构设计中，所有参与计算的量基本以常量出现；而结构优化设计中，参与计算的量部分是常量，部分是变量，从而形成全部的结构设计方案域，对于方案个数较多的结构优化设计问题，不可能一一对其设计方案进行计算，为此需借助数学手段和计算机工具从中搜索出可行且较好的方案，从而实现结构设计与优化技术的有机结合，达到缩短设计周期、节省人力、提高结构设计的质量和水平的目的[2]。

1.1.1 工程结构优化设计的发展

工程结构优化设计早在 1854 年 Maxwell 求理想桁架结构布局时就已实现[3]，但其较为完整的概念则是在 1904 年才由 Michell 提出[4]。在电子计算机出现之前，工程结构优化设计受到计算手段的限制，但学者们在构件的优化设计方面仍做了许多工作[5-7]，其中最有影响力的就是满应力法，即构件的各个组成部分同时达到容许强度或失稳安全限度时求得构件截面优化尺寸的方法。20 世纪 60 年代初引入数学规划法后发现，满应力法得到的不一定就是最轻设计，但结构优化设计问题变量多、约束多且大都是复杂隐式函数的特点也使得传统的数学规划法难以解决大型复杂结构的优化设计问题[8]。近几十年来，随着数学、力学的发展和计算机技术的提高，基于有限元分析和启发式智能算法的工程结构优化设计方法得到国内外学者的广泛关注，并对工程结构优化设计理论和方法的发展及推广起到了促进作用。

1.1.2 工程结构优化设计方法

就结构工程而言，结构优化设计的定义为：工程结构在满足约束条件下，以某一个或多个经济、技术条件作为目标，求出最优方案的设计方法。通过构建结构优化设计的数学模型，利用不同的优化方法，对结构进行优化。

数学模型一般包括了以下几个组成部分。

（1）设计变量

设计变量是在优化过程当中，以量化指标对结构的某方面特性（如柱的高度、截面面积等）进行描述，通常可以分为两种：

①连续设计变量，是指优化过程中连续变化的变量，如拉索的预应力大小，拱和网壳的矢跨比，等等。

②离散设计变量，是指优化过程中不能连续变化的变量，如杆件的截面面积等。这种变量往往是以类似截面库的形式进行模型的建立。

（2）目标函数

目标函数主要用于评估设计结果的好坏，通常采用的目标函数有结构质量、结构造价、应变能、鲁棒性等，特别是对于钢结构而言，结构质量往往是直接反映经济效益的指标，因此经常以此作为结构优化设计的目标函数。

（3）约束条件

以钢结构为例，其优化设计的约束条件一般包括：

①强度、稳定约束条件，主要是指构件在受力状态下能否满足规范的强度和稳定要求。

②刚度约束条件，如结构支座的最大水平位移、结构的最大竖向位移等必须满足相关规范的要求。

③截面尺寸约束条件，构件及拉索的截面除了满足规范要求以外，还应尽可能在常用的截面库中选择。

在建立了结构优化设计的数学模型后，可以根据模型的特点，选择合适的优化算法。传统的优化算法大致可以分为两类：一类是线性规划算法，如单纯形法；另一类是非线性规划算法，如牛顿法、鲍威尔法等[9]。对于工程结构问题，其模型涉及因素较多，相互关系较为复杂，与传统优化算法的标准模型差距较大。当实际结构系统规模不断扩大，约束条件增多且相互耦合，系统具有多准则、非线性、不可微或不确定等特点时，以梯度为基础的传统优化算法就难以实现。相比而言，近几十年来基于生物智能或自然物理现象的各类随机搜索算法（即智能优化算法）发展很快，并受到较多国内外学者的关注，如遗传算法、蚁群算法、模拟退火算法、粒子群算法和模拟植物生长算法等，而且在不同的领域中均有较好的适用性[10-23]。

1.2　模拟植物生长算法

模拟植物生长算法（plant growth simulation algorithm，PGSA）是中国学者李彤

在 2005 年提出的，该算法受自然界中植物的生长现象启发，建立了一整套类似于植物生长的优化选择体系[24]。PGSA 基于植物的向光性质，设立目标函数，在算法的计算过程中，对所有可行解进行目标函数的求解，确定对应的形态素浓度，然后依据植物学中的形态素浓度理论，在可行域内进行植物生长，使每一次生长产生的可行解逐渐向全局最优解逼近[25]。与其他优化算法相比，PGSA 有以下两个优点：

①PGSA 是根据植物仿生学的原理提出的，在 PGSA 运行的过程中，根据形态素浓度理论，引入基于概率理论的选择机制，使每次得到的生长点更具有生长优势，避免了因确定性规则而使算法陷入局部最优解，所以 PGSA 可用于复杂问题的优化求解。

②与其他相对成熟的优化算法（如遗传算法）相比较，PGSA 不存在交叉率、编码长度、编码规则等一系列烦琐的参数设置，仅需对生长步长、初始生长点进行选取，因此 PGSA 对参数的依赖小，运行更加稳定。

1.2.1 基本原理

1. 模拟植物的生长演绎方式

20 世纪 60 年代末，美国生物学家 Lindenmayer 把 Chomsky 的生成转换语法引入生物学，以简单的重写规则和分枝规则为基础，建立了关于植物的描述、分析和发育模拟的形式语法，称为 L-系统[26-27]。L-系统具有一套自定义的字符串文法和一组对应的替换产生式规则，通过使用这些规则文法进行分析和替换，对植物的生长过程（包括植物产生分歧、节间生长等过程）采用形式语言的方法（即由一条公理和几条产生式）来进行描述，进行有限次的迭代，并对所产生的字符串进行集合解释，从而生成复杂图形的一个重写系统[28]。其核心思想可以概括为以下几点[29]：

①由种子发芽破土而出的茎秆在一些叫作节的部位长出新枝。

②大多数新枝上又反复长出更新的枝。

③不同的枝之间有相似性，整个植物属于自相似结构。

在植物生长过程中，向光性生长对植物生长形态影响是最大的。早在 19 世纪 80 年代，Charles Darwin 和 Francis Darwin 就把向光性定义为植物的生长器官接受单方向的光照而引发的生长弯曲的能力[30]。植物在光照作用下，其茎和枝上能生长出新枝的部位也就是生长点，会聚集一种具有植物生长活性的形态素，形态素浓度由光源位置决定，在光源作用下，越靠近光源的生长点其形态素浓度越高。

目前，生物学上已对植物的生长过程得出以下结论[31-32]：

①当植物有两个或两个以上的节时，各个节的形态素浓度值决定了该节是否能够长出新枝，形态素浓度值越大的节，长出新枝的机会越大。

②每个细胞的形态素浓度值并不是预先赋予的，而是细胞系统依据其所在环境的位置信息确定的。当新枝生长后，生长点数目发生变化，形态素浓度将重新在各生长点之间进行分配。

PGSA 就是受到 L-系统的启发而创造的一种智能优化算法。在算法的运行中，被选择的节（又称为生长点）不断分化产生接近光源的新枝，而该算法在如何选取生长点的机制上，是根据植物的形态素浓度理论来确定的[25]。

2. 模拟植物生长算法的动力学特征

如前所述，植物的生长过程首先是从种子开始，生长出第一个主茎，若植物主茎上的生长点不止一个，那么就根据各个生长点的形态素浓度的高低来决定哪一个是可以继续生长新枝的生长点。植物的生长过程其实就是由种子生出茎，茎再生出枝，枝再生出新枝，这样一个反复迭代的过程。

基于 PGSA 进行优化问题的求解，实质就是模拟植物枝干长满整个生长空间的过程，如图 1.1 所示。根据植物生长的内在动力及向光性生长的特性，建立茎、枝生长及凋谢的动力机制，将植物的整个生长空间当作解的可行域，光源看作全局最优解，植物的动力生长机制由其向光性决定，根据植物学中的形态素浓度理论建立在不同光线强度的环境下按照全局最优的方式向着光源快速生长的动力模型[25, 33]。

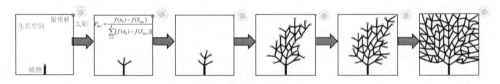

图 1.1 植物枝干长满整个生长空间的过程

3. 模拟植物生长算法的实现原理

根据植物生长向光性机理，PGSA 中植物的整个生长空间即为优化问题的可行域，最接近光源的生长点对应的函数值即为所求优化问题的最优值，因此越接近光源的生长点，其函数值越接近最优值。在其算法流程中，首先需要选定可行域内的一个解作为植物的种子即初始生长点 x_0，对应的初始函数值为 $f(x_0)$；然后定义植物生长出茎和枝的方式，即在可行域内的搜索机制，按照该搜索机制，初始生长点生长出多个新增生长点 $S_{m,i}$，即种子生长出茎和枝，各生长点组成生长点集合 S_m；接着计算各生长点的函数值 $f(S_{m,i})$，剔除其中函数值大于初始函数值 $f(x_0)$ 的生长点；由于在优化问题中光源的位置未知，无法根据各生长点函数值与所求最优函数值的接近程度来直接反映各生长点的形态素浓度值，因此仅能根据各生长点函数值与初始函数值的远离程度来体现形态素浓度，其函数值与初始函数值相差较大的生长点具有更高的形态素浓度值，即具有更大的生长概率。因此，相应的形态素浓度按照式（1.1）计算，即依据生长点与初始生长点的位置确定其生长概率：

$$P_{\mathrm{m},i} = \frac{f(x_0) - f(S_{\mathrm{m},i})}{\sum\limits_{i=1}^{k}[f(x_0) - f(S_{\mathrm{m},i})]} \tag{1.1}$$

式中，$P_{\mathrm{m},i}$ 为第 i 个生长点的形态素浓度；k 为生长点集合 S_{m} 中生长点的个数。由此式可知，生长点函数值与初始函数值相差越大的生长点形态素浓度越高，且各生长点的形态素浓度之和为 1，即

$$\sum_{i=1}^{k} P_{\mathrm{m},i} = 1 \tag{1.2}$$

将上述生长点集合中所有生长点的形态素浓度值转换成一个位于区间[0, 1]的概率空间，如图 1.2 所示。

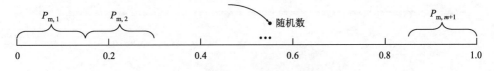

图 1.2　形态素浓度值概率空间

在确定各生长点的形态素浓度后，引入随机概率搜索机制，即由系统产生[0, 1]之间的随机数，随机数就类似向概率空间中投掷的小球，小球落在的某个概率空间所对应的生长点就可得到优先生长的权利，即为下一次的生长点[34]。采用此方法选择下一次的生长点，可体现出植物生长过程中形态素浓度较高的生长点获得生长的概率就越大。

通过上述原则选取了生长点后，采用同样的生长方式产生新的生长点，即由此生长点长出新枝，并将新增生长点加入生长点集合中，同时将选中的生长点从生长点集合 S_{m} 中剔除。各生长点形态素浓度重新分布，再根据形态素浓度公式（1.1）和随机概率搜索机制，选择下一次的生长点，如此反复直至植物生长布满整个生长空间，便得到最优解及其相应的最优值[35]。

1.2.2　算法流程与实现

根据上述基本原理，以 x 为设计变量，设 x 属于 $\mathbf{R}^n$ 中的有界闭包，$x=(x_1,$

$x_2, \cdots, x_n$），step 为精度要求的步长，$f(x)$ 为目标函数，在考虑了如何通过编程实现根据形态素浓度进行随机投点的方法以后，PGSA 的计算流程如图 1.3 所示。

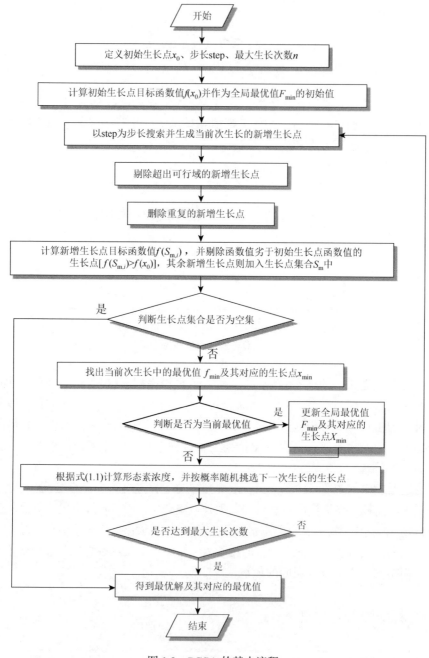

图 1.3　PGSA 的基本流程

PGSA 详细计算流程说明如下。

①首先定义初始生长点 x_0 即设计变量的初始组合、设计变量变化的步长 step、最大生长次数 n，其中初始生长点 x_0 被选为首次生长的生长点。

②计算初始生长点的目标函数值 $f(x_0)$，以用于后续筛选新增的生长点。

③以当前次生长所选的生长点为基点，设计变量以 step 为步长变化，双向搜索当前次生长的新增生长点，并剔除超出可行域的新增生长点和重复的新增生长点，以及当前次生长所选的生长点。

④计算当前次生长中新增生长点的目标函数值 $f(S_{m,i})$，剔除函数值劣于初始生长点函数值 $f(x_0)$ 的新增生长点 [$f(S_{m,i}) > f(x_0)$]，符合 $f(S_{m,i}) \leqslant f(x_0)$ 的新增生长点将被加入生长点集合 S_m 中。

⑤若生长点集合 S_m 为空集，则跳转到步骤⑨；若生长点集合 S_m 不为空集，则跳转至步骤⑥。

⑥找出当前次新增生长点中最优目标函数值 f_{min} 及其对应的新增生长点 x_{min}，若 f_{min} 为当前最优值，则更新全局最优值 F_{min} 及其对应的生长点 X_{min}；若 f_{min} 不为当前最优值，则跳转至步骤⑦。

⑦对生长点集合 S_m 中的所有生长点，根据式（1.1）计算各生长点的形态素浓度，并按照概率随机挑选下一次生长的生长点。

⑧若已达到最大生长次数 n，则跳转至步骤⑨；若未达到最大生长次数 n，则跳转至步骤③。

⑨输出最优解 X_{min} 及其对应的最优值 F_{min}，结束优化流程。

1.3 国内外研究现状

1.3.1 工程结构优化设计的研究现状

针对不同的优化层次，工程结构优化设计可分为截面优化设计、预应力优化设计、形状优化设计及拓扑优化设计等。针对不同的优化算法，工程结构优化设计可分为传统优化算法优化及智能优化算法优化。相比于传统优化算法，智能优化算法能较好地适应复杂结构的优化需求，同时，优化算法相互之间能进行合理混合以期获得更广泛的适应性和更好的优化效果。此外针对预应力空间结构，其结构优化设计还包括预应力的优化设计等。

以下将对上述各类工程结构优化设计的研究现状进行阐述。

1. 截面优化设计

目前有关截面优化设计的文献较多，对于传统的空间结构（如桁架、网架、网壳等），优化目标一般为结构的总质量，所采用的优化算法主要有两类，一类是传统优化算法，另一类是智能优化算法。

1）传统优化算法

截面优化设计常用的传统优化算法有满应力法、相对差商法等，主要是基于梯度来进行优化。

（1）满应力法

文献[36]、[37]首先采用满应力法优化杆件的截面，然后用渐进节点移动法优化结构形状，相互结合后可以保证形状和尺寸组合优化在满足给定约束条件下，间接使结构质量最小，且优化过程的稳定性也较好。

（2）相对差商法

文献[38]采用相对差商法来决定当前次优化迭代是进行截面优化还是拓扑优化，同时考虑了节点体积优化来对双层网壳结构进行优化；文献[39]将相对差商法与进退法结合，对平面桁架结构和钢框架结构进行优化得到较高精度的解；文献[40]以用钢量最小为目标采用相对差商法对杂交型马鞍网壳结构进行截面优化设计。

（3）其他传统优化算法

文献[41]采用齿行法，仅用两次迭代便能获得经典三杆桁架结构近似最轻解，同时也充分说明了满应力法通过无限多次迭代和重分析得到的解不一定是最优设计；文献[42]采用黄金分割法，通过改变截面尺寸求单根抗滑桩总费用最小值；文献[43]则将复合形法引入三圆弧柱面网壳结构的截面优化设计中。

2）智能优化算法

截面优化设计常用的智能优化算法有遗传算法、模拟退火算法、粒子群算法、模拟植物生长算法等。

（1）遗传算法

遗传算法的应用较为广泛[44]。文献[45]采用混合遗传算法和复合形法的优化算法对桁架结构进行截面优化设计，引入杆件、节点是否删除的拓扑变量进行拓扑优化设计，但该方法对于大型结构，其拓扑和截面的组合非常多，计算量大；文献[46]采用自动分组的遗传算法解决带有频率约束的优化问题，但可发现其变量组合也很多，迭代计算量也较大；文献[47]基于小生境遗传算法进行三向网壳结构的截面优化设计；文献[48]以屈曲荷载为目标利用遗传算法进行矩形单层柱面网壳的截面优化设计；文献[49]采用遗传算法对单层球面网壳、柱面网壳及输电塔结构进行考虑多工况的截面优化设计；类似地，文献[50]和[51]采用遗传算法对空间桁架、联方型单层网壳、柱面网壳等结构进行截面优化设计。

（2）模拟退火算法

文献[52]将遗传算法和模拟退火算法相结合，提出遗传-模拟退火算法，并以倒塌破坏模式最优为目标进行单层球面网壳结构的截面优化设计。

（3）粒子群算法

文献[53]采用粒子群算法，以节点位移最小和结构质量最小为多目标，对双层球面网壳进行动力荷载下的截面优化设计；文献[54]结合蚁群算法和粒子群算法，对十杆平面桁架、二十五杆空间桁架、输电塔结构、联方型单层球面网壳等结构进行截面优化设计。

（4）模拟植物生长算法

本书作者团队[55-61]采用新型的 PGSA 对凯威特单层球面网壳的截面优化设计进行了研究，也取得了较好的优化效果。

（5）其他智能优化算法

文献[62]针对启发式算法——烟花算法目前存在的缺陷，提出了改进烟花算法，引入了相应的计算策略来减少计算工作量，并应用于钢桁架和钢框架的离散尺寸优化中，取得了较好的效果；文献[63]把禁忌搜索算法引入蚁群算法中，形成蚁群-禁忌搜索算法，以提高其优化计算效率，并用于二十五杆空间桁架的质量优化中；文献[64]将和声搜索算法应用于抗弯钢架结构、格构式结构、穹顶和蜂窝梁等结构的组合优化问题中，取得了较好的优化效果；文献[65]基于萤火虫算法对双层扇贝型网壳进行截面优化设计。

3）小结

传统优化算法计算速度较快，迭代次数较少，适用于简单的工程结构截面优化设计问题，但对于大型复杂的问题，其较容易陷入局部最优解。智能优化算法迭代次数相对较多，但可解决大型复杂的工程结构截面优化设计问题，适用性较强。

2. 预应力优化设计

对于预应力空间结构，其截面优化设计研究相对较少，且宜同时考虑拉索预应力优化设计，以充分挖掘预应力空间结构的优势。现有的同时考虑杆件截面和拉索预应力优化设计的文献中，多采用分级优化思路。

1）传统优化算法

对于预应力优化设计问题，较为常用的传统优化算法有数学规划法和分级优化法等。

（1）数学规划法

文献[66]以构件的截面面积和拉索预应力的大小为设计变量，采用传统的数学规划法进行优化设计，但计算过程烦琐且优化效率较低。文献[67]—[69]以弦支穹顶的挠度和节点支座反力作为双控目标函数，使用数学规划法（改进的复合形法）对拉索预应力进行优化，又在确定拉索预应力后，利用改进的离散二级优化算法进行网壳构件的截面优化设计。文献[70]和[71]利用类似的思路与方法，分别对弦支穹顶和预应力桁架进行了优化设计。文献[72]利用复合形法对索穹顶结构的拉索预应力进行第一级优化，而在以拉索截面作为设计变量的第二级优化中采用了准则法。

（2）分级优化法

文献[73]采取了以拉索截面面积、拉索预应力、杆件截面面积为顺序的三级优化思路。文献[74]同样采用三级优化思路，按预应力构件的截面面积、预应力构件的初始应变（即预应力）、非预应力构件的截面面积的顺序，对拱支预应力网壳结构进行了优化设计。文献[75]提出双向张弦梁结构优化设计的两步三级算法，先确定形状和初始预应力，再采用 ANSYS 软件自带的优化模块对下弦索截面、上弦梁截面、撑杆及其他次要杆件截面进行了三级截面优化设计。文献[68]结合满应力法和相对差商法对弦支穹顶结构的索力和截面进行了分级优化。文献[76]、[77]等也采用类似分级优化算法分别对弦支穹顶结构、大跨张弦平面桁架进行了预应力和截面优化设计。

但此类分级优化割裂了截面变量与预应力变量之间的耦合关系，通常仅能得到局部最优解，其优化往往会顾此失彼。

（3）其他传统优化算法

文献[78]通过构造弦支穹顶的独立自内力模态，以其组合因子作为设计变量，以网壳部分的构件内力分布作为优化目标，利用优化组合因子的方式得到合理的拉索预应力。文献[79]对预应力斜拉网格结构进行了分级优化，采用多次复合形法以结构应变能作为目标优化预应力，采用拟满应力法以结构自重作为目标优化截面。文献[80]利用梯度法对张弦梁的预应力大小进行了优化设计。

文献[81]利用 ANSYS 的优化模块对弦支穹顶结构的预应力进行优化设计，最终实现了单一的优化设计目标。

2）智能优化算法

对于预应力优化设计问题，较为常用的智能优化算法有遗传算法、粒子群算法、模拟植物生长算法等。

（1）遗传算法

文献[82]以悬索结构的位移、应力和拉索最大直径作为约束条件，利用遗传算法对拉索的预应力和直径进行了优化设计。该文献也指出弦支穹顶的拉索预应力和网壳构件截面在进行分级优化时，仅可得出问题的局部最优解。文献[83]对结构动力、静力、稳定性等进行敏感性分析，在此基础上应用层次分析法确定结构误差因素的权重，并采用遗传算法对结构缺陷状态进行预应力优化设计调整，得到结构性能更优的预应力调整方案。

（2）粒子群算法

此外，文献[84]应用了粒子群算法，实现拉索预应力和构件截面的优化同时进行。

（3）模拟植物生长算法

本书作者团队[62]采用新型的 PGSA 对凯威特型弦支穹顶的预应力优化设计进行了研究，也取得了较好的优化效果。

3）小结

对于预应力空间结构，其预应力水平与结构构件的受力密切相关，预应力的优化应与截面的优化同时进行方可得到较优的结果。

3. 形状优化设计

良好的结构几何形状能够有效提高结构的承载力及刚度，合理的结构形状应能兼顾建筑美学及力学性能。如何在兼顾建筑美学的基础上，对结构进行形状调节优化，使结构受力合理，是结构设计研究的一个热点难题。

对于工程结构的形状优化设计，其优化目标较为多样，如应变能、用钢量、刚度等，所采用的优化方法主要有两类，一类是基于灵敏度分析的方法，另一类是智能优化算法。

1）基于灵敏度分析的方法

文献[85]对已有的杆系结构形状、拓扑优化设计方法进行了总结，介绍了数学规划在具体优化问题上的应用。

文献[86]利用坐标下降法求解了桁架结构的形状优化设计问题，并采用快速矩阵分析法来减少计算目标函数所需的时间。

文献[87]提出了一种在应力和几何约束下确定平面桁架结构最佳形状的方法，该方法由共轭梯度法（处理节点坐标设计变量）和满应力法（处理杆件截面设计变量）构成。

文献[88]基于线性规划法，以杆件截面及节点坐标为设计变量，对空间桁架进行考虑多荷载工况及多约束条件的形状与截面的同步优化。

文献[89]—[91]提出了渐进节点移动法，并将其用于求解桁架、钢架结构的形状优化设计问题。该方法以节点坐标作为优化设计变量，优化过程中基于位移或弯矩灵敏度来确定节点坐标的调整方向。

文献[92]针对自由曲面结构形状优化设计问题提出了高度调整法，并利用该方法对实际工程进行形状优化设计，验证了其合理性。该方法利用有限元法分析计算应变能对结构高度的灵敏度，以灵敏度分析计算结果为依据调整结构高度，使结构形态逐渐趋于合理。

文献[93]提出一种两步自由形状优化设计方法，并用于壳体结构形状优化设计。该方法将优化设计问题分为两步（表面优化和边界优化），以结构体积约束下的刚度最大化为优化目标，通过建立形状灵敏度函数并采用梯度方法进行两步优化，但未考虑强度、稳定性等约束条件。

文献[94]将能够反映结构力学性能的指标（应变能、屈曲特征值）作为优化目标，将曲面上的型值点坐标作为设计变量，采用 Hyperworks 软件中自带的基于梯度法的可行方向法进行自由曲面单目标、多目标形状优化设计。然而，可行方向法易陷入局部最优解，需要设置多起点来处理；对于多目标优化问题，其利用加权系数法巧妙地将多个目标归一化为单一目标函数；优化结果表明，以应变能为优化目标可显著改善结构静力性能，而一味追求结构屈曲特征值将会劣化结构静力性能。

文献[95]采用梯度法求解了自由曲面结构的形状优化设计问题，其在优化过程中基于结构应变能对控制点坐标变化的灵敏度来修改控制点，以达到对结构形态的调整。

文献[96]提出了 NURBS-GM 法，以自由曲面上母线及准线的控制点、权因子为优化设计变量，以结构整体应变能为目标，对自由曲面结构进行形状优化设计。

文献[97]针对自由曲面网壳结构形态创构问题，提出基于应变能对节点坐标灵敏度的结构创建方法，该方法基于应变能与节点坐标间的关系，通过反复调整节点坐标，以达到降低结构应变能的目的，进而得到形态合理的自由曲面网壳结构。

文献[98]采用共轭梯度法对索支撑自由曲面空间网格结构进行多目标形状优化设计，以曲面上母线和准线的已知节点为优化设计变量，对不同组合的优化目标进行优化，为研究人员提供了参考。

文献[99]以节点坐标作为设计变量，以结构整体应变能作为目标函数，在 Hyperworks 软件中采用简约梯度法对空间网格结构进行形状优化设计研究。

文献[100]从设计变量规模及敏感度计算效率出发，在原有的基于应变能灵敏度的形态创构方法基础上，借鉴共轭梯度法，提出了节点调整的二阶方法。该方法有效地提高了优化效率，适用于复杂结构的形态创构。

文献[101]推导了结构应变能对设计相关荷载的灵敏度函数表达式，指出设计相关荷载对结构灵敏度计算的影响不可忽视，并基于此，借鉴高度调整法对球面网壳进行了形状优化设计研究。

文献[102]提出了一种用于优化刚架结构形状和拓扑的方法。该方法基于灵敏度分析实现对结构拓扑的改变（增减单元）及节点位置的调整。

文献[103]提出了一种能够提高结构刚度的形状优化设计方法，该方法考虑了结构体积约束并将节点坐标视为设计变量，节点坐标的调整利用最速下降法来实现（以灵敏度分析结果为依据）。

文献[37]、[104]—[105]基于层次分析法，采用分层次循环优化的思路，对桁架结构进行形状与截面联合优化研究，但该方法在一定程度上割裂了结构形状与杆件截面之间的耦合关系。

2）智能优化算法

文献[106]—[107]介绍了能量法及 B 样条曲面造型技术的基本原理，提出采用光顺因子作为实现自由曲面结构形状控制的调整对象，并基于此，将曲面光顺因子、结构应变能分别作为优化的设计变量和目标，采用改进的混合粒子群算法求解了自由曲面碟形网壳的合理构形。该方法避免了灵敏度分析计算，大大提高了形状优化设计效率，但优化算法需要设置的初始参数多，且容易陷入局部最优解，算法全局搜索能力欠佳。

文献[108]利用加权系数法处理多目标（应变能密度、特征屈曲值），并采用遗传算法对一矩形板进行不同加权系数下的多目标形状优化设计。

文献[109]将遗传算法引入空间杆系结构形状优化设计领域，优化设计变量为节点 Z 坐标，为适应遗传编码，将节点坐标这一连续设计变量离散化，离散成若干个可能节点坐标。

文献[110]—[111]采用差分演化算法求解了自由曲面形状优化设计问题，其将结构鲁棒性、曲面控制点坐标分别作为优化的目标和设计变量。

文献[112]基于 Grasshopper 平台，采用遗传算法、粒子群算法对自由曲面空间网格结构进行形状优化研究，但其需将优化对象转变成连续体结构来优化，优化结果精度不高，且考虑的约束条件、荷载工况均较少。

文献[113]提出了综合粒子群算法，并采用该方法对桁架结构进行形状、截面、拓扑优化设计研究。

3）其他方法

文献[114]介绍了网壳结构构型的两个层次（结构拓扑、曲面形状及截面），并利用以复合形法处理结构几何变量，以相对差商法处理杆件截面变量的二级优化算法对一蜂窝型网壳进行优化研究。

文献[115]提出了一种在多荷载工况下的多目标自由形状优化方法，并用于自由曲面网壳结构形状优化设计，为多荷载工况下多目标自由曲面壳体结构的形状优化设计提供了一种新思路。

文献[116]将元胞自动机原理应用到单层网壳形状优化中，通过施加荷载使结构反复振动变形来对比各变形形状下的整体弯矩进而获取最优外形。

文献[117]将网壳结构的杆件截面和矢高作为设计变量，采用和声搜索算法对短程线型网壳进行形状和截面联合优化研究。

文献[118]提出了一种能够同时优化桁架结构形状和截面的新方法，该方法综合了满应力法及遗传算法的优势。

文献[119]提出了一种壳体结构优化设计的数值优化方法。该方法利用材料导数公式、拉格朗日乘子法和伴随变量法推导出形状梯度函数，并将负形状梯度函数作为虚拟的分布牵引力作用于壳体表面，使壳体发生变化。

4）小结

目前形状优化设计的常见方法仍是数学规划法、梯度法等基于灵敏度分析的方法。这些方法已应用于形状优化设计，并取得了良好的成果，但其灵敏度推导、计算较为复杂，对于大型复杂结构，其每次迭代灵敏度计算量大，且优化效率欠佳。鉴于此，为避免灵敏度分析，也有学者开始尝试将遗传算法、粒子群算法等智能优化算法应用到形状优化设计中，并取得了良好的成效，但这些算法构架较为复杂，参数选取与设置困难，且算法的精度、稳定性受参数影响较大。

此外目前已有的关于结构形状与截面组合优化的方法，大多采用的是分层次循环优化的思路，其在一定程度上割裂了结构形状与杆件截面之间的耦合关系。相关的形状优化设计研究主要是在单工况、少约束条件下进行，对于多荷载工况及复杂约束条件的形状优化设计还有待进一步研究。

4. 拓扑优化设计

较高层次的结构拓扑优化设计着重关注结构选型与结构布置，即在规定的设计区域内，给定外荷载和边界条件，改变结构的拓扑以满足有关几何平衡、强度、稳定性、刚度等约束条件，使结构的相关性态指标达到最优[120]。与截面优化设计和形状优化设计相比，拓扑优化设计能够在工程结构设计的初始阶段搜索出结构的最优布局方案，使设计方案的结构性能更加合理可靠，进而产生可观的经济效益[121-122]。然而，目前相关的拓扑优化设计算法仍存在参数设置复杂、计算量大、精度不高等不足，且难以被工程技术人员所接受。

对于工程结构中较为简易的桁架结构，其拓扑优化设计一般有两种思路：

①从基结构出发，通过增减杆件达到拓扑优化设计的目的，拓扑优化设计与截面优化设计分级进行，一般可采用传统优化算法进行[123-124]。但其杆件的增删和截面的调整是基于结构的某种性能灵敏度进行的，容易陷入局部最优解。

②通过给定的边界条件点，设定相关规则，采用智能优化算法随机生成大量结构拓扑，并对每一个拓扑分别进行截面优化设计[125-126]。但这种思路需要进行大量复杂的计算，且随着结构复杂程度的提高，其拓扑的生成规则也会变得异常复杂，从而可能导致优化计算的提前终止。

1）基本拓扑优化设计方法

目前基本的结构拓扑优化设计方法主要有基结构法、变厚度法、均匀化法、变密度法、渐进结构优化法、水平集法等。国内外学者在上述拓扑基本优化方法的基础上，结合传统优化算法和智能优化算法，以高效地进行工程结构的拓扑优化设计。

（1）基结构法

所谓的基结构是指由杆件将荷载的作用点、支撑点和其他可能的结构点之间两两相连接而形成的初始结构[127]。基结构法就是建立由结构节点、荷载作用点和支承点组成的节点集合，集合中所有节点之间用杆件相连，形成所谓的基结构，然后在特定的荷载工况下，考虑应力、位移等约束条件，依据内力或结构的某种性能、灵敏度等进行杆件的增删和截面的改变，最终实现结构的拓扑优化设计[128-129]。

文献[130]提出用于建筑结构形态构建的基结构法，并针对基结构法中随着基结构杆件增多而无法得到精确解的情况，提出了相应的解决办法；文献[131]考虑材料的非线性，采用材料超弹性模型，引入总势能概念用于优化问题的目标函数和平衡方程中，以基结构法来解决拓扑优化设计问题；文献[132]针对基结构法中优化结果受限于基结构的类型和构造的不足，引入简支梁杆件以增加基结构的种类，以此来扩大结构优化设计的空间（可行域）；文献[133]在基结构法的基础上提出结构拓扑及形状退火算法并用于桁架结构拓扑优化设计；文献[134]针对用基结构法求解桁架结构动力拓扑优化设计中遗漏奇异最优解的问题，提出使用改进自动分组遗传算法求解带有频率约束的桁架拓扑优化设计。

基于基结构法的拓扑优化设计，其最优解实际上是所给定基结构的一个子结构，换言之，基结构的存在从优化一开始就限定了解的范围，真正的最优解可能并未包含在内，从而导致最终只能得到近似最优解。

（2）变厚度法

变厚度法是较早采用的连续体结构拓扑优化设计方法之一，其基本思想是以初始连续体结构中的单元厚度作为设计变量，以结构中厚度的最优分布为目标。文献[135]通过构造变厚度平面杂交应力元，提出了以节点厚度为设计变量、柔顺度作为目标函数、体积作为约束条件的拓扑优化设计模型。该方法简单易用，可用来处理受弯薄板、平面弹性体的拓扑优化设计问题[46]，但应用范围狭窄，很难推广于三维连续体的拓扑优化设计中且更难适用于离散体结构拓扑优化设计中[136]。

（3）均匀化法

均匀化法[137-138]由 Bendos 和 Kikuchi 于 1988 年首次引入到连续体结构的拓扑优化设计研究中。"均匀化"的实质就是用均质的宏观结构和非均质的微观结构描述原结构[139]，其基本思想是在拓扑结构的材料中引入微结构（单胞），微结构的尺寸参数和形式，决定了宏观材料在此点的物理特性（如弹性模量、密度等），优化过程中以微结构的单胞尺寸作为拓扑设计变量，以单胞尺寸的消长实现微结构的增删操作，从而实现结构拓扑优化设计与尺寸优化设计的连续化和统一化。目前这一方法已广泛用于多工况的二维和三维连续体结构拓扑优化设计、热弹性结构的拓扑优化设计、复合材料设计等[121]。文献[140]提出采用均匀化法来进行柔顺机构的设计，以每个单元孔洞的尺寸、每个单元的角度为设计变量，进行短悬臂板的拓扑优化设计；文献[141]利用均匀化法，根据拱坝特点，以体积最小为目标，对拱坝的体形优化进行了探讨分析；文献[142]基于 ANSYS 平台和均匀化法，从连续体的角度进行空间桁架结构的拓扑优化设计，得到空间桁架结构内部各杆件的最优拓扑布局。

虽然均匀化法在数学和力学理论上较为严谨，但设计变量多，灵敏度推导较复杂，存在棋盘格效应、网状格独立、计算次数多及无法获取全局最优解等缺点，且优化结果容易出现宏观上的多孔结构与微观上的多孔材料，难以在实际工程中得到应用和推广[46]。

（4）变密度法

变密度法也是较早采用的拓扑优化设计方法之一，其基本思想是以初始结构中的单元密度为拓扑优化设计的设计变量，以优化结果中密度的分布确定最优拓扑形状[143]。变密度法假设每个单元仅有一个设计变量，优化设计对象的材料密度是可变的，且假定材料物理参数与密度间存在某种数学关系，以材料密度为设计变量，以材料的最优分布为目标。常用的材料插值模型有固体各向同性惩罚微结构（solid isotropic microstructures with penalization，SIMP）模型和材料属性的有理近似（rational approximation of material properties，RAMP）模型，这两种模型都是通过增大惩罚因子对中间密度值进行惩罚，使最终优化后的结果趋于 0-1 两种状态，从而减少了中间材料的出现。

文献[144]针对变密度法中罚函数选择不当易导致不合理拓扑结构形式的问题，提出一种新的罚函数用于变密度法的拓扑优化设计；文献[145]以薄壳结构整体应变能最小为目标，基于变密度法进行薄壳屋盖的拓扑优化设计；文献[111]通过在单元中引入壳体厚度，基于 SIMP 的相对密度，并联合形状变量，实现了自由曲面网格结构的形状和拓扑联合优化；文献[146]对屈曲约束下连续结构的拓扑优化设计进行研究，以结构应变能最小为目标，考虑体积和屈曲荷载的约束，以节点相关密度作为设计变量，采用 SIMP 进行拓扑优化设计。

变密度法的灵敏度推导简单、高效，而且允许弹性模量连续取值，将原本离散变量的优化问题转化为连续变量的优化问题，可降低优化求解的难度，但仍无法解决离散体结构的截面和拓扑的耦合优化问题。

（5）渐进结构优化法

渐进结构优化法[147-148]是近年来发展起来的一种结构优化方法，它是基于进化策略的理论，在优化过程中逐渐删除结构单元中无效的单元而获得最终的拓扑构型，主要应用于刚度、振动频率、位移、应力、传热性等优化问题。渐进结构优化法后来又发展成可以实现单元增加和删除的双向渐进结构优化法，但也会产生"锯齿"形边界和棋盘格效应[149]。由于这种方法原理简单，且能与有限元法进行良好结合，已被应用于多项实际工程的结构设计，如上海喜马拉雅艺术中心、卡特尔教育城会展中心的异形体部分等[149]。

文献[150]提出用来确定钢筋混凝土结构拉-压杆模型的渐进结构优化法，采用桁架单元得到更为合理的拉-压杆模型；文献[149]在进化过程中通过引入等值线和应力连续假设，提出改进的渐进结构优化法，实现了结构与材料的双向进化，并避免了产生"锯齿"形边界和棋盘格效应；文献[151]采用双向渐进结构优化法分别完成了不同矢跨比的拱桥、悬索桥主缆及斜拉桥桥塔的拓扑优化设计，最后将该方法从二维平面拓展到三维空间，实现一座峡谷桥梁的三维拓扑优化设计；文献[152]结合遗传算法和渐进结构优化法，提出"遗传演化算法"，该算法所得到的结果优于原有的渐进结构优化算法，同时计算效率也高于遗传算法。

渐进结构优化法实质上是在基结构法的基础上根据一定的规则进行单元的删除，因此仍受限于基结构。对于双向渐进结构优化法，虽然可同时进行单元的增删，较适用于连续体结构拓扑优化设计，但对于离散体结构，合理地进行单元或杆件的增删是一大难点。此外，其进化率的选择对于结构最终的拓扑构型有着较为重要的影响，且对不同的优化问题，其进化率的合理取值不尽相同，因此进化率的合理选择也是一大难点。

（6）水平集法

水平集法最早由 Sethian 和 Wiegmann[153]提出，该方法是采用高一维尺度函数的水平集模型来描述结构的边界形状，能清晰、灵活地描述结构的拓扑及边界形状，摆脱了连续体拓扑优化设计对有限元网格的依赖性。文献[154]提出了一种分段常数水平集方法，该方法是利用离散函数来描述结构的边界从而避免 Hamilton-Jacob 方程的直接求解；文献[155]将水平集法用于求解结构频响的优化问题；文献[156]依据水平集法，提出了基于拓扑描述函数方法的结构拓扑形状一体化优化方法，并在拓扑优化设计中通过引入拓扑导数以提高优化效率。

但与其他拓扑优化设计方法相比较，水平集法的求解过程较为复杂，且目前仅适用于连续体结构的拓扑优化设计。

（7）小结

①基结构法计算效率高，但其优化结果受限于基结构本身，容易陷于局部最优解，且对于空间结构，基于结构性能灵敏度的杆件增删可能会导致结构几何不稳定。

②变厚度法思路简单，但应用范围狭窄，只能用于二维平面结构，很难推广到三维连续体拓扑优化设计中。

③均匀化法虽然在数学和力学理论上较为严谨，但其设计变量多，灵敏度推导较复杂，存在棋盘格效应、网状格独立、计算次数多及无法获取全局最优解等缺点，且其优化得到的宏观上的多孔结构与微观上的多孔材料，难以在实际工程中得到应用和推广。

④变密度法的灵敏度推导简单且高效，而且允许弹性模量连续取值，将原本离散变量转化为连续变量的优化问题，显著降低了优化求解的难度，但仍无法解决离散体结构的截面和拓扑的耦合优化问题。

⑤渐进结构优化法实质上是在基结构法的基础上根据一定的规则进行杆件的删除，仍然受限于基结构。对于双向渐进结构优化法，虽然可同时进行单元的增删，能较好地适用于连续体结构拓扑优化设计，但对于离散体结构，合理地进行单元或杆件的增删是一大难点。

⑥水平集法能清晰、灵活地描述结构的拓扑优化设计及边界形状，摆脱了连续体拓扑优化设计对有限元网格的依赖性，但求解过程较为复杂，仅适用于连续体结构的拓扑优化设计中。

综上，变厚度法、均匀化法、变密度法及水平集法主要用于连续体结构中，而基结构法主要用于离散体结构中，渐进结构优化法则可用于连续体及离散体结构中。上述方法各有其适用性、优缺点，要将其与空间结构的拓扑优化设计相结合，仍需进行深入探索与创新。

2）空间结构及预应力空间结构的拓扑优化设计

对于空间网格结构的拓扑优化设计，仅有较少学者做了相关研究。文献[157]尝试将基结构法应用于网壳结构拓扑优化设计，结合遗传算法，引入拓扑变量来表征杆件存在与否，实现对网壳结构的截面及拓扑优化设计，但随着跨度的增大，拓扑变量数目较多且杆件的随机增删易导致结构几何不稳定。文献[158]则从连续体拓扑优化设计的角度，以单元相对密度为设计变量，以结构鲁棒性为目标，采用大爆炸算法，对四点支承双曲扁网壳进行了拓扑优化设计，但仍需从连续体中抽离出离散体网壳的布置。而文献[159]—[164]从另外一种角度进行网壳结构的拓扑优化设计，以环数作为拓扑变量，以矢高作为形状变量，以杆件截面面积作为尺寸变量，分别采用遗传算法、大爆炸算法及和声搜索算法等对凯威特型、施威德勒型、联方型等单层网壳进行了拓扑、形状及尺寸优化，但遗憾的是，未对球面网壳的环向分割数这一影响结构拓扑与性能的重要拓扑变量进行优化。

对于更为复杂的预应力空间结构，相关研究则更少，其研究思路总体上分为两类：

①从连续体拓扑优化设计的角度进行。文献[165]将索力作为外荷载施加在结构上，基于双向渐进结构优化法进行单元增删，对平面预应力结构进行了拓扑优化设计；此外还以索力值、单元尺寸和结构拓扑为设计变量，进行了平面张弦桁架的拓扑优化设计[166]。而文献[167]、[168]结合变密度法和大爆炸算法，对弦支双曲扁网壳结构的布索位置进行优化。但从连续体最优拓扑中提取离散体结构布置的方式，一般仅适用于网格较为简单或简易布索的预应力空间结构。

②从离散体拓扑优化设计的角度进行。文献[169]对不同数量的斜拉索布置方案进行对比，选定了索承网格结构合理的拉索布置方式。文献[170]采用基于响应面法的均匀设计法，以网格尺寸、双层网壳厚度、材料折减系数、预应力张拉次数等作为设计变量，进行了预应力局部单双层扁网壳的近似优化。文献[171]以矢

跨比、撑杆长度、拉索初始预应力、拉索和杆件截面面积为设计变量，采用粒子群算法对弦支穹顶结构进行了优化。

　　3）小结

　　①目前对较为简易的桁架结构的拓扑优化设计研究相对较多，但相关优化方法割裂了结构拓扑与杆件截面之间的耦合关系，且较难推广至更为复杂的空间结构（网架、网壳等），乃至预应力空间结构。

　　②对于空间网格结构的拓扑优化设计，部分学者以环数、矢高、截面面积为设计变量进行网壳结构的拓扑、形状及截面优化设计，但并未对球面网壳的环向分割数这一影响结构拓扑与性能的重要拓扑变量进行优化。

　　③对于更为复杂的预应力空间结构的拓扑优化设计，部分学者从连续体角度进行，但一般仅适用于网格较为简单或简易布索的预应力空间结构。但从离散体角度进行的拓扑优化设计，或采用多方案对比，或还不够深入，且均未对预应力空间结构更为核心的刚性杆件（网格布置及尺寸）和拉索的布置等关键拓扑变量进行优化。

　　因此，目前空间结构，尤其是预应力空间结构的拓扑优化设计仍未全面深入，且如何考虑拓扑、截面、预应力等不同类型混合变量的耦合关联是一关键科学问题。

1.3.2　模拟植物生长算法的研究现状

　　PGSA 自 2005 年提出以来，便得到持续的关注与研究。虽然 PGSA 提出的时间不长，但其在数学、管理学及部分工程领域中显示出突出的稳定性、精确性和全局搜索能力[172]，在旅行商问题[173]、斯坦纳树[174]、电力电气工程[175-178]、应急管理[179]、医学[180-181]、分组决策[182]、电子电磁学[183-184]、传输网络优化布局[175, 185]、物流网络优化布局[25]、车辆调度[186]、水库群调度[187]、机械工程[188]、车间调度[189]、超市收银口布局[190]等领域得到了创新研究与应用。

　　但由于该算法的相关理论研究与实践应用时间还较短，其计算效率、搜索机制及收敛稳定性等方面仍存在改进和提升之处，而且对于任何算法来讲，也不可避免地存在自身的缺陷或不足。为此，在算法研究中，文献[191]利用非支配排序及构造偏序集等方法对 PGSA 进行改进，并对多目标旅行商问题进行了求解，与蚁群算法、模拟退火算法等进行对比，获得了较好的结果；文献[188]将寻优步长的自适应调整机制引入 PGSA，并应用于机械设计的平面度误差评定中；文献[192]从重新初始化、搜索步长、算法终止判据等方面对 PGSA 进行改进，并应用于电子干扰资源分配优化中，取得了较好的结果；文献[193]改进了植物生长激素的分配方式并进行新枝生长方向的优化选择，提出植物多向生长模拟算法；文献[194]采用最优保留和最差杂交后保留的机制，在提高计算速度的同时避免算法过快收敛于局部最优解；文献[188]在 PGSA 中引入了步长自适应调整机制并将改进的算法用于机械设计误差评定。本书作者团队[58-61, 195-199]首次将 PGSA 引入结构工程领域，并进行了初步研究与应用。

针对结构优化问题，本书作者团队指出了 PGSA 的不足之处并进行了创新改进，提出了多种 PGSA 新算法，如改进模拟植物生长-遗传混合算法（PGSA-GA）[60]、改进的模拟植物生长-粒子群混合算法（PGSA-PSO）[61]及生长空间限定与并行搜索的模拟植物生长算法（GSL&PS-PGSA）[56]等，这些算法在结构优化问题中具有良好的适用性，相比于 PGSA，其具有更为突出的全局搜索能力、搜索效率及稳定性等。

由 PGSA 的研究现状可知，目前 PGSA 的相关研究还不够系统深入，多数研究均是在特定领域下进行，不具有普遍性。虽然国内外学者对 PGSA 进行了创新研究与应用，但由于 PGSA 的相关理论研究与实践应用时间还较短，PGSA 在搜索效率、全局搜索能力及优化稳定性等方面仍存在创新改进空间。综合上述文献可知，PGSA 总体上存在以下问题：①对初始生长点的选择较为苛刻，选择不当可能会导致算法收敛于局部最优解甚至无法运行。②每次生长仅选择一个生长点进行生长，搜索覆盖范围不够全面、搜索路径相对较少，较容易"走弯路"、陷于局部最优解。③缺乏有效的终止机制，在找到最优解后，往往会无法及时终止，导致不必要的资源流失。

参 考 文 献

[1]　陈志华, 刘红波, 周婷, 等. 空间钢结构 APDL 参数化计算与分析[M]. 北京：中国水利水电出版社, 2009.

[2]　白新理, 马文亮. 结构优化设计方法与工程应用[M]. 北京：中国电力出版社, 2015.

[3]　Maxwell J C. Scientific papers II[M]. Cambridge：Cambridge University Press, 1869.

[4]　Maxwell A G M. The limits of economy of material in frame structures[J]. Philosophical Magazine, 1904, 8（47）：589-595.

[5]　Gerard, George. Minimum weight analysis of compression structures[M]. New York：New York University Press, 1956.

[6]　Shanley F R. Weight-strength analysis of aircraft structures[J]. The Journal of the Royal Aeronautical Society, 57（510）：423.

[7]　Kirsch U. Optimum structural design: concepts, methods, and applications[M]. New York：McGraw-Hill, Inc., 1981.

[8]　Schmit L A. Structural design by systematic synthesis[C]//Proceedings of the 2nd Conference on Electronic Computation, The American Society of Civil Engineers, New York, 1960, 105-122.

[9]　李元科. 工程最优化设计[M]. 北京：清华大学出版社, 2006.

[10]　Holland J H. Adaptation in natural and artificial systems[M]. Cambridge：MIT Press, 1975.

[11]　De Jong K A. An analysis of the behavior of a class of genetic adaptive systems[D]. Ann Arbor：University of Michigan, 1975.

[12] Goldberg D E. Genetic algorithms in search, optimization and machine learning[M]. Boston: Addison Wesley Longnan, Inc., 1989.

[13] 张文修, 梁怡. 遗传算法的数学基础[M]. 2 版. 西安: 西安交通大学出版社, 2003.

[14] 吉根林. 遗传算法研究综述[J]. 计算机应用与软件, 2004 (2): 69-73.

[15] Colorni A, Dorigo M, Maniezzo V, et al. Distributed optimization by ant colonies[C]//Proceedings of ECAL91-European conference on artificial life, Paris, Elsevier Publishing, 1991, 134-142.

[16] 张纪会, 徐心和. 一种新的进化算法: 蚁群算法[J]. 系统工程理论与实践, 1999 (3): 84-87, 109.

[17] 张纪会, 高齐圣, 徐心和. 自适应蚁群算法[J]. 控制理论与应用, 2000, 17 (1): 1-3, 8.

[18] 孙焘, 王秀坤, 刘叶欣, 等. 一种简单蚂蚁算法及其收敛性分析[J]. 小型微型计算机系统, 2003, 24 (8): 1524-1527.

[19] 倪庆剑, 邢汉承, 张志政, 等. 蚁群算法及其应用研究进展[J]. 计算机应用与软件, 2008, 25 (8): 12-16.

[20] 段海滨, 王道波, 朱家强, 等. 蚁群算法理论及应用研究的进展[J]. 控制与决策, 2004, 19 (12): 1321-1326, 1340.

[21] Eberhart R, Kennedy J. A new optimizer using particle swarm theory[C]//Proceedings of 6th International Symposium on Micro Machine and Human Science, Nagoya, Japan, 1995, 39-43.

[22] Kennedy J, Eberhart R. Particle swarm optimization[C]//Proceedings of IEEE International Conference on Neural Networks, Perth, Australia, 1995, 1942-1948.

[23] 纪震, 廖惠连, 吴青华. 粒子群算法及应用[M]. 北京: 科学出版社, 2009.

[24] 李彤, 王春峰, 王文波, 等. 求解整数规划的一种仿生类全局优化算法: 模拟植物生长算法[J]. 系统工程理论与实践, 2005, 25 (1): 76-85.

[25] 李彤, 王众托. 模拟植物生长算法在设施选址问题中的应用[J]. 系统工程理论与实践, 2008, 28 (12): 107-115.

[26] Lindenmayer A. Mathematical models for cellular interactions in development I. Filaments with one-sided inputs[J]. Journal of Theoretical Biology, 1968, 18 (3): 280-299.

[27] Lindenmayer A. Mathematical models for cellular interactions in development II. Simple and branching filaments with two-sided inputs[J]. Journal of Theoretical Biology, 1968, 18 (3): 300-315.

[28] 郭焱, 李保国. 虚拟植物的研究进展[J]. 科学通报, 2001, 46 (4): 273-280.

[29] 王东升, 曹磊. 混沌、分形及其应用[M]. 合肥: 中国科学技术大学出版社, 1995.

[30] 丁雪枫, 尤建新. 模拟植物生长算法与应用[M]. 上海: 上海人民出版社, 2011.

[31] 王淳. 模拟植物生长算法在电力系统中的应用[D]. 上海: 上海交通大学, 2008.

[32] 张崇浩. 植物的向性运动[J]. 生物学通报, 1990 (11): 4-7.

[33] 李彤, 宿伟玲, 李磊, 等. 单级与二级整数规划算法原理及应用[M]. 北京: 科学出版社, 2007.

[34] 付红军, 潘励哲, 林涛, 等. 基于改进模拟植物生长算法的 PSS 与直流调制的协调优化[J]. 电力自动化设备, 2013, 33 (11): 75-80.

[35] 林全攀. 弦支穹顶结构找力优化方法及施工仿真分析[D]. 广州: 华南理工大学, 2018.

[36] 王栋, 张卫红, 姜节胜. 桁架结构形状与尺寸组合优化[J]. 应用力学学报, 2002, 19 (3): 72-76.

[37] Wang D, Zhang W H, Jiang J S. Combined shape and sizing optimization of truss structures[J]. Computational Mechanics, 2002, 29 (4-5): 307-312.

[38] 王磊, 鹿晓阳, 于普英. 基于离散变量的双层网壳结构拓扑优化设计[J]. 山东建筑大学学报, 2003, 18 (2): 10-14.

[39] 范鹤, 范泽, 赵丽红. 一种求解离散变量结构优化的混合算法[J]. 辽宁工学院学报 (自然科学版), 2004, 24 (2): 59-61.

[40] 苏亚, 鹿少博, 鹿晓阳, 等. 杂交型马鞍网壳结构参数化设计及形状优化[J]. 山东建筑大学学报, 2016, 31 (1): 38-46.

[41] Sheu C Y, Schmit L A, Jr. minimum weight design of elastic redundant trusses under multiple static loading conditions[J]. AIAA Journal, 1971, 10 (2): 155-162.

[42] 张苏茂. 多滑面深层滑坡抗滑桩治理方案优化研究[D]. 西安: 长安大学, 2014.

[43] 齐月芹, 张婷, 刘灵灵. 大跨度柱面结构复形法优化设计研究[J]. 建筑结构, 2010, 40 (s1): 230-232.

[44] 邵晓根, 姜代红, 王雷. 基于遗传算法的建筑结构优化设计方法研究[J]. 江苏科技大学学报 (自然科学版), 2017, 31 (6): 821-824.

[45] 朱朝艳, 刘斌, 张延年, 等. 复合形遗传算法在离散变量桁架结构拓扑优化设计中的应用[J]. 四川大学学报 (工程科学版), 2004, 36 (5): 6-10.

[46] 刘晓峰, 阎军, 程耿东. 采用自动分组遗传算法的频率约束下桁架拓扑优化[J]. 计算力学学报, 2011, 28 (10): 1-7.

[47] 牟在根, 梁杰, 隋军, 等. 基于小生境遗传算法的单层网壳结构优化设计研究[J]. 建筑结构学报, 2006, 27 (2): 115-119.

[48] Hashemian A H, Kargarnovin M H, Jam J E. Optimization of geometric parameters of latticed structures using genetic algorithm[J]. Aircraft Engineering and Aerospace Technology, 2011, 83 (2): 59-68.

[49] Toğan V, Daloğlu A T. Optimization of 3D trusses with adaptive approach in genetic algorithms[J]. Engineering Structures, 2006, 28 (7): 1019-1027.

[50] Erbatur F, Hasançebi O, Tütüncü İ, et al. Optimal design of planar and space structures with genetic algorithms[J]. Computers and Structures, 2000, 75 (2): 209-224.

[51] Kociecki M, Adeli H. Two-phase genetic algorithm for size optimization of free-form steel space-frame roof structures[J]. Journal of Constructional Steel Research, 2013, 90: 283-296.

[52] 刘文政, 叶继红. 基于遗传-模拟退火算法的单层球面网壳结构破坏模式优化[J]. 建筑结构学报, 2013, 34 (5): 33-42.

[53] 梁靖昌, 李丽娟. 多目标群智能杂交算法及双层球面网壳动力优化[J]. 空间结构, 2016, 22 (3): 11-16, 50.

[54] Kaveh A, Talatahari S. Particle swarm optimizer, ant colony strategy and harmony search scheme hybridized for optimization of truss structures[J]. Computers and Structures, 2009, 87 (5-6): 267-283.

[55] 石开荣, 林金龙, 姜正荣. 基于双生长点并行生长机制的模拟植物生长算法及其结构优化[EB/OL]. (2021-07-06) [2021-11-03]. https: //doi.org/10.14006/j.jzjgxb.2020.0719.

[56] 石开荣, 潘文智, 姜正荣, 等. 基于生长空间限定与并行搜索的模拟植物生长算法的空间结构优化方法[J]. 建筑结构学报, 2021, 42 (7): 85-94.

[57] 石开荣, 潘文智, 姜正荣, 等. 模拟植物生长算法的结构优化新机制[J]. 华南理工大学学报 (自然科学版), 2019, 47 (7): 40-48, 57.

[58] 姜正荣, 林全攀, 石开荣, 等. 基于混合智能优化算法的弦支穹顶结构预应力优化[J]. 华南理工大学学报 (自然科学版), 2018, 46 (9): 36-42.

[59] 石开荣, 阮智健, 姜正荣, 等. 模拟植物生长算法的改进策略及桁架结构优化研究[J]. 建筑结构学报, 2018, 39 (1): 120-128.

[60] Shi K R, Ruan Z J, Jiang Z R, et al. Improved plant growth simulation & genetic hybrid algorithm (PGSA-GA) and its structural optimization[J]. Engineering Computations, 2018, 35 (1): 268-286.

[61] Jiang Z R, Lin Q P, Shi K R, et al. A novel PGSA-PSO hybrid algorithm for structural optimization[J]. Engineering Computations, 2020, 37 (1): 144-160.

[62]　Gholizadeh S，Milany A. An improved fireworks algorithm for discrete sizing optimization of steel skeletal structures[J]. Engineering Optimization，2018：1-21.

[63]　Bland J A. Optimal structural design by ant colony optimization[J]. Engineering Optimization，2001，33（4）：425-443.

[64]　Saka M P. Optimum design of steel skeleton structures[M]. Berlin：Springer，2009：87-112.

[65]　Moghadas R K，Garakani A，Kalantarzadeh M. Optimum design of geometrically nonlinear double-layer domes by firefly metaheuristic algorithm[J]. Advances in Mechanical Engineering，2013：1-14.

[66]　Felton L P，Dobbs M W. On optimized prestressed trusses[J]. AIAA Journal，1977，15（7）：1037-1039.

[67]　李永梅，杨庆山，张毅刚. 改进的复形法与索承网壳结构的索力优化[J]. 建筑结构，2005，35（2）：58-60，71.

[68]　李永梅，张毅刚. 索承网壳结构截面和预应力的优化设计研究[J]. 建筑结构，2007，37（2）：40-42.

[69]　李永梅，李雪松，张毅刚. 索承网壳结构的截面优化[J]. 工业建筑，2007，37（4）：73-76.

[70]　程小明. 基于离散变量的弦支穹顶结构优化设计[D]. 济南：山东建筑大学，2011.

[71]　吴杰，张其林，杨永华. 预应力桁架优化设计[J]. 四川建筑科学研究，2004，30（1）：111-112.

[72]　吴杰，张其林，罗晓群. 张拉整体结构预应力优化设计的序列两级算法[J]. 工业建筑，2004，34（4）：82-83.

[73]　周臻. 预应力空间网格结构的分析理论与优化设计研究[D]. 南京：东南大学，2007.

[74]　薛伟辰，刘晟，苏旭霖，等. 上海源深体育馆预应力张弦梁优化设计与试验研究[J]. 建筑结构学报，2008，29（1）：16-23.

[75]　吴捷. 双向张弦梁整体结构优化方法[J]. 工业建筑，2014，44（4）：140-145.

[76]　刘树堂. 弦支穹顶结构尺寸优化设计的研究[J]. 建筑钢结构进展，2012，14（6）：38-46.

[77]　张爱林，乃国云. 基于结构优化的大跨张弦平面桁架经济性分析[J]. 北京工业大学学报，2009，35（1）：36-41.

[78]　周臻，孟少平，吴京. 大跨拱支预应力网壳结构的模糊优化设计研究[J]. 工程力学，2012，29（2）：129-134.

[79]　冯健，张耀康. 预应力斜拉网格结构的静力优化分析[J]. 东南大学学报（自然科学版），2003（5）：583-587.

[80]　Masic M，Skelton R E. Selection of prestress for optimal dynamic/control performance of tensegrity structures[J]. International Journal of Solids and Structures，2006，43（7-8）：2110-2125.

[81]　Chen Z H，Liu H B. Design optimization and structural property study on suspen-dome with stacked arch in chiping gymnasium[C]//Proceedings of the International Association for Shell and Spatial Structures（IASS）Symposium，Valencia，Apain，2009：1391-1398.

[82]　Gandhi J B，Patodi S C. Optimal design of cable structures with genetic algorithms[J]. International Journal of Space Structures，2010，16（4）：271-278.

[83]　张国发. 弦支穹顶结构施工控制理论分析与试验研究[D]. 杭州：浙江大学，2009.

[84]　刘学春，张爱林. 粒子群算法在预应力钢结构优化设计中的应用[C]//第九届全国现代结构工程学术研讨会，济南，2009.

[85]　Topping B H V. Shape optimization of skeletal structures：A review[J]. Journal of Structural Engineering，1983，109（8）：1933-1951.

[86]　Farajpour I. A coordinate descent based method for geometry optimization of trusses[J]. Advances in Engineering Software，2011，42（3）：64-75.

[87]　Gil L，Andreu A. Shape and cross-section optimization of a truss structure[J]. Computers and Structures，2001，79（7）：681-689.

[88]　Pedersen N L，Nielsen A K. Optimization of practical trusses with constraints on eigenfrequencies，displacements，stresses，and buckling[J]. Structural and Multidisciplinary Optimization，2003，25（5-6）：436-445.

[89]　Wang D，Zhang W H，Jiang J S. Truss shape optimization with multiple displacement constraints[J]. Computer

Methods in Applied Mechanics and Engineering，2002，191（33）：3597-3612.

[90]　王栋. 结构优化设计：探索与进展[M]. 北京：国防工业出版社，2013.

[91]　Wang D. Optimal shape design of a frame structure for minimization of maximum bending moment[J]. Engineering Structures，2007，29（8）：1824-1832.

[92]　崔昌禹，严慧. 自由曲面结构形态创构方法：高度调整法的建立与其在工程设计中的应用[J]. 土木工程学报，2006，39（12）：1-6.

[93]　Liu Y，Shimoda M. Two-step shape optimization methodology for designing free-form shells[J]. Inverse Problems in Science and Engineering，2015，23（1-2）：1-15.

[94]　廖杰. 波浪形自由曲面空间网格结构形态分析与稳定性能研究[D]. 南京：东南大学，2017.

[95]　邱添. 自由曲面单层刚性结构形态优化及工程应用[D]. 重庆：重庆大学，2015.

[96]　李欣. 自由曲面结构的形态学研究[D]. 哈尔滨：哈尔滨工业大学，2011.

[97]　崔昌禹，王有宝，姜宝石，等. 自由曲面单层网壳结构形态创构方法研究[J]. 土木工程学报，2013，46（4）：57-63.

[98]　冯若强，葛金明，胡理鹏，等. 基于 B 样条曲线的自由曲面索支撑空间网格结构多目标形态优化[J]. 土木工程学报，2015，48（6）：17-24.

[99]　胡理鹏. 自由曲面单层空间网格结构形态及拓扑优化[D]. 南京：东南大学，2015.

[100]　姜宝石. 杆系结构形态创构方法研究[D]. 哈尔滨：哈尔滨工业大学，2013.

[101]　何永鹏. 网壳结构多约束截面优化及考虑设计相关荷载的形状优化研究[D]. 广州：华南理工大学，2019.

[102]　Cui C Y，Jiang B S. A morphogenesis method for shape optimization of framed structures subject to spatial constraints[J]. Engineering Structures，2014，77：109-118.

[103]　Ding C，Seifi H，Dong S L，et al. A new node-shifting method for shape optimization of reticulated spatial structures[J]. Engineering Structures，2017，152：727-735.

[104]　隋允康，高峰，龙连春，等. 基于层次分解方法的桁架结构形状优化[J]. 计算力学学报，2006，23（1）：46-51.

[105]　孙焕纯，柴山，王跃方. 离散变量结构优化设计[M]. 大连：大连理工大学出版社，1995.

[106]　李娜，陆金钰，罗尧治. 基于能量法的自由曲面空间网格结构光顺与形态优化方法[J]. 工程力学，2011，28（10）：243-249.

[107]　李娜，陆金钰. 基于混合粒子群算法的自由曲面网壳形态优化[J]. 建筑结构学报，2018，39（S2）：360-365.

[108]　危大结，舒赣平，顾华健. 自由曲面结构多目标形态优化[J]. 建筑结构，2017，47（5）：59-63.

[109]　刘淼. 基于遗传算法的单层杆系空间结构优化设计[D]. 哈尔滨：哈尔滨工业大学，2012.

[110]　赵兴忠. 基于鲁棒性的自由曲面形状、拓扑、网格优化设计研究[D]. 杭州：浙江大学，2014.

[111]　马腾，赵兴忠，高博青，等. 自由曲面形状和拓扑联合优化研究[J]. 浙江大学学报（工学版），2015，49（10）：1946-1951.

[112]　孟凡凯. 自由曲面空间网格结构智能优化[D]. 武汉：湖北工业大学，2020.

[113]　Mortazavi A，Toğan V. Simultaneous size，shape，and topology optimization of truss structures using integrated particle swarm optimizer[J]. Structural and Multidisciplinary Optimization，2016，54（4）：715-736.

[114]　邓华，董石麟. 空间网壳结构的形状优化[J]. 浙江大学学报（工学版），1999，33（4）：371-375.

[115]　Shimoda M. Multi-objective shape optimization for designing optimal free-form shell[C]//The Proceedings of Design and Systems Conference，2011，21：310-314.

[116]　任磊. 自动元胞机原理在单层网壳结构形态优化中的应用[D]. 天津：天津大学，2011.

[117]　Saka M P. Optimum geometry design of geodesic domes using harmony search algorithm[J]. Advances in Structural Engineering，2007，10（6）：595-606.

[118] Ahrari A，Atai A A. Fully stressed design evolution strategy for shape and size optimization of truss structures[J]. Computers and Structures，2013，123：58-67.

[119] Shimoda M，Liu Y. A non-parametric free-form optimization method for shell structures[J]. Structural and Multidiplinary Optimization，2014，50（3）：409-423.

[120] 朱杰江. 建筑结构优化及应用[M]. 北京：北京大学出版社，2011，1-60.

[121] 郭立君. 大跨空间结构优化设计应用研究[D]. 长沙：湖南大学，2016.

[122] 蔡新，李洪煊，武颖利，等. 工程结构优化设计研究进展[J]. 河海大学学报（自然科学版），2011，39（3）：269-276.

[123] Ramos A S，Jr，Paulino G H. Convex topology optimization for hyperelastic trusses based on the ground-structure approach[J]. Structural and Multidisciplinary Optimization，2015，51（2）：287-304.

[124] Hagishita T，Ohsaki M. Topology optimization of trusses by growing ground structure method[J]. Structural and Multidisciplinary Optimization，2009，37（4）：377-393.

[125] 刘涛，邓子辰. 桁架结构尺寸和形状、拓扑的渐进优化方法[J]. 西北工业大学学报，2004，22（6）：739-743.

[126] 王仁华，赵宪忠. 平面桁架结构拓扑优化设计的改进智能算法[J]. 工程力学，2012，29（11）：205-211.

[127] Concalves M S，Lopez R H，Miguel L F F. Search group algorithm：A new metaheuristic method for the optimization of truss structures[J]. Computers and Structures，2015，153：165-184.

[128] Mróz Z，Bojczuk D. Finite topology variations in optimal design of structures[J]. Structural and Multidisciplinary Optimization，2003，25（3）：153-173.

[129] Azid I A，Kwan A S K，Seetharamu K N. A GA-based technique for layout optimization of truss with stress and displacement constrains[J]. International Journal for Numerical Methods in Engineering，2003，53（7）：1641-1674.

[130] Azid I A，Kwan A S K，Seetharamu K N. An evolutionary approach for layout optimization of a three-dimensional truss[J]. Structural and Multidisciplinary Optimization，2002，24（4）：333-337.

[131] 姜冬菊，张子明. 桁架结构拓扑和布局优化发展综述[J]. 水利水电科技进展，2006，26（2）：81-86.

[132] 李晶，鹿晓阳，陈世英. 结构优化设计理论与方法研究进展[J]. 工程建设，2007，39（6）：21-31.

[133] Dornw G R，Greenberg H. Automatic design of optimal structures[J]. Journal de Mécanique，1964，3（1）：25-52.

[134] Fujii D，Manabe M，Takada T. Computational morphogenesis of building structure using ground structure approach[J]. Journal of Structural and Construction Engineering，2008，73（633）：1967-1973.

[135] Ramrakhyani D S，Frecker M I，Lesieutre G A. Hinged beam elements for the topology design of compliant mechanisms using the ground structure approach[J]. Structural and Multidisciplinary Optimization，2009，37（6）：557-567.

[136] 赖云山. 平面连续体结构拓扑与形状优化设计研究[D]. 广州：华南理工大学，2011.

[137] Suzuki K，Kikuchi N. A homogenization method for shape and topology optimization[J]. Computer Methods in Applied Mechanics and Engineering，1991，93（3）：291-318.

[138] Bendsoe M P，Kikuchi N. Generating optimal topologies in structural design using a homogenization method[J]. Computer Methods in Applied Mechanics and Engineering，1988，71（2）：197-224.

[139] Sigmund O. Materials with prescribed constitutive parameters：An inverse homogenization problem[J]. International Journal of Solids and Structures，1994，31（17）：2313-2329.

[140] Nishiwaki S，Frecker M I，Min S，et al. Topology optimization of compliant mechanisms using the homogenization method[J]. International Journal for Numerical Methods in Engineering，2015，42（3）：535-559.

[141] 穆春燕，苏超，丛赛飞. 拱坝二维水平拱圈的拓扑优化研究[J]. 黑龙江水专学报，2007，34（4）：1-3.

[142] 魏文儒. 基于 ANSYS 的空间桁架优化研究[D]. 大连：大连理工大学，2007.

[143] 徐斌. 桁架结构动力学拓扑优化研究[D]. 西安：西北工业大学，2002.

[144] Chang J K，Duan B Y. An improved variable density method and application for topology optimization of continuum structures[J]. Chinese Journal of Computational Mechanics，2009，26（2）：188-192.

[145] 张智，吴子燕. 薄壳屋盖的造型优化设计研究[J]. 建筑科学，2004，20（6）：36-39，51.

[146] Gao X J，Ma H T. Topology optimization of continuum structures under buckling constraints[J]. Computers and Structures，2015，157：142-152.

[147] Xie Y M，Steve G P. Evolutionary structural optimization[M]. Berlin：Springer Press，1997.

[148] 谢亿民，杨晓英，Steven G P，等. 渐进结构优化法的基本理论及应用[J]. 工程力学，1999（6）：70-81.

[149] 崔昌禹，严慧. 结构形态创构方法：改进进化论方法及其工程应用[J]. 土木工程学报，2006（10）：42-47.

[150] Kwak H G，Noh S H. Determination of strut-and-tie models using evolutionary structural optimization[J]. Engineering Structures，2006，28（10）：1440-1449.

[151] 陈艾荣，常成. 渐进结构优化法在桥梁找型中的应用[J]. 同济大学学报（自然科学版），2012，40（1）：8-13.

[152] 刘霞. 结构优化设计的遗传演算法研究[D]. 长沙：湖南大学，2007.

[153] Sethian J A，Wiegmann A. Structural boundary design via level set and immersed interface methods[J]. Journal of Computational Physics，2000，163（2）：489-528.

[154] Wei P，Wang M Y. Piecewise constant level set method for structural topology optimization[J]. International Journal for Numerical Methods in Engineering，2009，78（4）：379-402.

[155] Shu L，Wang M Y，Fang Z，et al. Level set based structural topology optimization for minimizing frequency response[J]. Journal of Sound and Vibration，2011，330（24）：5820-5834.

[156] 赵康. 基于 Level Set 方法的结构优化技术[D]. 大连：大连理工大学，2005.

[157] 吴志海. 基于遗传算法的网壳结构形态创构方法研究[D]. 哈尔滨：哈尔滨工业大学，2013.

[158] 单艳玲，高博青. 基于连续体拓扑优化的网壳结构鲁棒构型分析[J]. 浙江大学学报（工学版），2013，47（12）：2118-2124.

[159] Saka M P. Optimum topological design of geometrically nonlinear single layer latticed domes using coupled genetic algorithm[J]. Computers and Structures，2007，85（21-22）：1635-1646.

[160] Kaveh A，Talatahari S. Optimal design of Schwedler and ribbed domes via hybrid Big Bang-Big Crunch algorithm[J]. Journal of Constructional Steel Research，2010，66（3）：412-419.

[161] Kaveh A，Talatahari S. Geometry and topology optimization of geodesic domes using charged system search[J]. Structural and Multidisciplinary Optimization，2011，43（2）：215-229.

[162] Kaveh A，Rezaei M，Shiravand M. Optimal design of nonlinear large-scale suspendome using cascade optimization[J]. International Journal of Space Structures，2018，33（1）：3-18.

[163] Kaveh A，Rezaei M. Topology and geometry optimization of single-layer domes utilizing CBO and ECBO[J]. Scientia Iranica，2016，23（2）：535-547.

[164] Carbas S，Saka M P. Optimum topology design of various geometrically nonlinear latticed domes using improved harmony search method[J]. Structural and Multidisciplinary Optimization，2012，45（3）：377-399.

[165] 杨海军，张爱林. 基于 Von Mises 应力的预应力钢结构拓扑优化设计[J]. 北京工业大学学报，2010，36（4）：475-481.

[166] 杨海军，张爱林，姚力. 应力约束下预应力平面实体钢结构拓扑优化设计[J]. 计算力学学报，2009，26（6）：766-771.

[167] 单艳玲，叶俊，高博青，等. 弦支双曲扁网壳结构的鲁棒构型分析及试验研究[J]. 建筑结构学报，2013，34（11）：50-56.

[168] 单艳玲, 吴慧, 高博青. 自由曲面索承网格结构的合理布索位置研究[J]. 计算力学学报, 2015 (6): 739-744.

[169] 李强, 周绪红, 冯远, 等. 800m 超大跨巨型斜拉下穿索承网格结构拉索布置及参数分析研究[J]. 空间结构, 2018, 24 (2): 28-35.

[170] 肖建春, 曹新明, 马星, 等. 预应力局部单双层扁网壳的参数分析与近似优化[J]. 建筑结构学报, 2006, 27 (1): 117-123.

[171] Liu X C, Zhang A L, Zhang X, et al. Particle swarm optimization algorithm for suspendome structure under multiple loading cases[J]. Engineering Computations, 2016, 33 (3): 767-788.

[172] 李彤, 王众托. 模拟植物生长算法与知识创新的几点思考[J]. 管理科学学报, 2010, 13 (3): 87-96.

[173] Ding X F, You J. Studies on large-scale traveling salesman problem (LTSP) based on plant growth simulation algorithm[C]//International Conference on Management and Service Science, 2011.

[174] 丁雪枫, 马良, 丁雪松. 基于模拟植物生长算法的易腐物品物流中心选址[J]. 系统工程, 2009, 27(2): 96-101.

[175] Wang C, Cheng H Z. Transmission network optimal planning based on plant growth simulation algorithm[J]. European Transactions on Electrical Power, 2009, 19 (2): 291-301.

[176] Rajaram R, Kumar K S, Rajasekar N. Power system reconfiguration in a radial distribution network for reducing losses and to improve voltage profile using modified plant growth simulation algorithm with Distributed Generation (DG) [J]. Energy Reports, 2015, 1: 116-122.

[177] 张瑞阳, 冯怀玉, 李国庆, 等. 基于模拟植物生长算法的电力系统 ATC 计算[J]. 电力系统及其自动化学报, 2012, 24 (1): 37-42.

[178] Neha T G. A novel approach to reactive power control using plant growth simulation algorithm[J]. International Journal of Engineering Development and Research, 2015, 3 (4): 1-6.

[179] 丁雪枫, 尤建新, 王洪. 突发事件应急设施选址问题的模型及优化算法[J]. 同济大学学报 (自然科学版), 2012, 40 (9): 1428-1433.

[180] Bhattacharjee D, Paul A, Kim J H, et al. An object localization optimization technique in medical images using plant growth simulation algorithm[J]. Springer Plus, 2016, 5 (1): 1-20.

[181] Bhattacharjee D, Paul A. A leukocyte detection technique in blood smear images using plant growth simulation algorithm[C]//Proceedings of the Thirty-First AAAI Conference on Artificial Intelligence, 2017, 17-23.

[182] Li L, Xie X L, Guo R. Research on group decision making with interval numbers based on plant growth simulation algorithm[J]. Kybernetes, 2014, 43 (2): 250-264.

[183] Rao R S, Narasimham S V L, Ramalingaraju M. Optimal capacitor placement in a radial distribution system using plant growth simulation algorithm[J]. Electrical Power and Energy Systems, 2011, 33 (5): 1133-1139.

[184] Guney K, Durmus A, Basbug S. A plant growth simulation algorithm for pattern nulling of linear antenna arrays by amplitude control[J]. Progress in Electromagnetics Research B, 2009, 17: 69-84.

[185] Liu S L, Yu S Z. A fuzzy k-coverage approach for RFID network planning using plant growth simulation algorithm[J]. Journal of Network and Computer Applications, 2014, 39: 280-291.

[186] 曹庆奎, 刘新雨, 任向阳. 基于模拟植物生长算法的车辆调度问题[J]. 系统工程理论与实践, 2015, 35 (6): 1449-1456.

[187] 陈立华, 梅亚东. 模拟植物生长算法在水库群优化调度中的应用[J]. 水电自动化与大坝监测, 2010, 34 (2): 1-5.

[188] 王军, 张强, 王国勋. 基于模拟植物生长算法的平面度误差评定[J]. 机械设计与制造, 2015 (7): 8-10, 15.

[189] Tang H B, Ye C M. Application of plant growth simulation algorithm for job shop scheduling[C]//IEEE International Conference on Advanced Management Science, 2010.

[190]　王婷婷，杨琴，黄琳，等. 基于顾客行为特征的超市收银口优化调度方案[J]. 计算机工程与应用，2016，52（3）：266-270.

[191]　郗莹，马良，戴秋萍. 多目标旅行商问题的模拟植物生长算法求解[J]. 计算机应用研究，2012，29（10）：3733-3735.

[192]　吴俊秋，何迪. 模拟植物生长算法及其改进研究[J]. 通信技术，2016，49（12）：1629-1634.

[193]　王莉，秦勇，徐杰，等. 植物多向生长模拟算法[J]. 系统工程理论与实践，2014，34（4）：1018-1027.

[194]　黄伟嶂，姚建刚，韦亦龙，等. 带遗传算子模拟植物生长算法在 AGC 机组调配经济性中的应用[J]. 电力系统保护与控制，2015，43（6）：72-77.

[195]　阮智健. 基于改进 PGSA 的预应力钢结构优化设计及其拉索索力识别方法研究[D]. 广州：华南理工大学，2015.

[196]　陈前. 基于改进的模拟植物生长算法的弦支穹顶结构优化设计研究及其抗震性能分析[D]. 广州：华南理工大学，2013.

[197]　姜正荣，林全攀，石开荣，等. 基于模拟植物生长算法的弦支穹顶结构预应力优化研究[C]//第十七届全国现代结构工程学术研讨会，2017.

[198]　潘文智. 基于模拟植物生长算法的空间结构拓扑优化方法研究[D]. 广州：华南理工大学，2019.

[199]　吕俊锋. 基于改进 PGSA 的高层悬挂结构优化设计方法及施工模拟分析[D]. 广州：华南理工大学，2018.

第 2 章　模拟植物生长算法的特点分析

2.1　模拟植物生长算法的特点及优势

2.1.1　模拟植物生长算法与其他智能优化算法的共性

遗传算法、蚁群算法、模拟退火算法、粒子群算法和 PGSA 都是基于生物智能或自然物理现象基础上的智能优化算法，这些算法产生的主要目的是更好地求解现实中的一些组合优化问题。因此，这些智能优化算法具有一定的共性：①这几种优化算法都是从一组初始解开始，然后根据各自算法的进化特点和优化的机制进行参数的设置或者函数评估，经过有限次的迭代后，不断更新当前的最优解状态，直到满足结束的条件为止，这样，最终得到的解即可当作所求得的问题的最优解，因此，仿生类智能优化算法的流程具有相似的结构框架；②这几种智能优化算法均具有随机性及不确定性，即在搜索最优解的过程中均引入了随机概率，这样可增加算法的灵活性和适应性；③这几种智能优化算法都是来源于自然界的某种规律或现象，具有较强的自组织性和自学习性，如果设置了合理的参数或函数，即可体现出算法较强的鲁棒性。

2.1.2　模拟植物生长算法的特点

PGSA 基于植物的向光性机理，在整个算法运行过程中，根据产生的所有可行解的目标函数，确定植物的形态素浓度，模拟植物根据形态素浓度高低生长的特点，使得每一次迭代的可行解逐渐向全局最优解生长[1-3]。PGSA 的主要特点有：

①引进随机概率，使其在每一次生长过程中所选择的实际生长点并不是唯一确定的，而是根据各生长点的生长概率（形态素浓度）的高低，通过随机概率进行选择，生长概率越高的生长点被选中的概率越高，生长概率低的点也有被选择生长的可能性，避免了由于确定性规则而陷入局部最优解。因此可以处理复杂病态型优化问题。

②需要设定一个初始生长点（植物的种子），并沿着各个变量正负轴方向，按照设定的步长进行生长和搜索。

③PGSA 不存在编码规则、编码长度、交叉率、变异率等复杂的参数设置，

仅需要设定初始生长点和生长的步长。因此 PGSA 可以减小对参数设置的依赖性，从而保证了算法的稳定性。

2.1.3　模拟植物生长算法的优势

上述其他智能优化算法中，遗传算法对编码机制的依赖性较大，不同编码机制对个体设置具有很重要的影响，一旦编码机制不合适，会导致搜索时间过长、找不到全局最优解，以及早熟收敛等现象；蚁群算法在构造最优解的过程中对参数设置要求较高，若设置不当，同样会耗费较长时间，并导致停滞现象发生；模拟退火算法为保证取得较优解，常需采用慢降温、多抽样、终止温度设置较低等方法，从而导致计算时间过长；粒子群算法虽没有过多参数设置的限制，但容易陷入局部极值点，在后期的收敛速度较慢，且粒子也容易趋于同一化，失去多样性，导致优化精度降低。

相比于遗传算法、蚁群算法、模拟退火算法、粒子群算法等，PGSA 分开处理目标函数和约束条件，且无需编码和解码，避免了构造新的计算用目标函数，也不存在诸如惩罚系数、交叉率、变异率选取等一系列烦琐的参数设置问题，仅需对生长步长、初始生长点进行选取，对参数的依赖小，运行更加稳定，所以解的稳定性较好。另外，该算法基于形态素浓度的搜索机制，可平衡搜索过程的方向性和随机性，避免了因确定性规则而使算法陷入局部最优解，能以较快的速度寻找到全局最优解，尤其对于求解大规模的问题较其他算法具有明显的优势。

2.2　模拟植物生长算法存在的问题与局限性分析

2.2.1　算法存在的问题

相关学者的研究[4-10]表明，PGSA 主要存在以下几点不足：

①较大的生长空间导致优化效率降低。利用 PGSA 求解优化问题时，是以全局最优的方式遍历整个空间，并生长成完整植物进行的。如果所求解优化问题的变量组合方案较多，即当植物的生长空间（设计变量的可行域）较大时，随着生长次数的增加，植物的节（生长点）的集合也随之变大，虽然按照植物向光性机理，较优的生长点仍具有相对较大的概率得到生长的机会，但由于 PGSA 仅剔除比初始函数值更劣的新增生长点，较多劣质的生长点保留在生长点集合中，会大大降低优化效率。

②在植物生长过程中，当阻碍植物生长的因素多于促进植物生长的因素时，

植物就会生长缓慢甚至提前停止生长[3]，这可能导致在尚未找到全局最优解时，就过早退出优化迭代过程。

③算法缺乏有效的终止机制。PGSA 是以植物长满整个生长空间（即没有生长点）为终止条件的，算法往往在已经得到了最优解后仍继续运行，尤其对于大规模复杂优化问题，其生长空间较大，植物长满整个生长空间所需的计算量非常巨大。

④初始生长点的选择不当导致收敛于局部最优解。初始生长点不仅直接决定算法的起点，而且根据 PGSA 的形态素浓度公式，初始生长点对应的初始函数值在整个生长过程中都会对算法的计算效率产生影响。PGSA 在扩充可行域空间时，是在当前较优值附近选取可行解。由于这种选择机制，当初始生长点落在较差可行域空间里时，将会导致优化初期生长出大量的劣质生长点，甚至会使算法后期陷入局部最优解，从而使算法的优化效率和优化效果显著降低。

⑤由于算法初期较为随意地选取可行解，当可行域扩充到一定数量时，可行域空间里不可避免地存在劣质生长点。即使劣质生长点占总量的比例小，但由于基于概率选取生长点的机制，劣质生长点有一定概率被选取为下一次生长的生长点，从而使劣质生长点的数量进一步增加，不利于算法的收敛。

⑥算法的全局搜索能力、搜索效率有待提高。PGSA 每次生长仅选择一个生长点进行生长，搜索覆盖范围不全，搜索路径相对较少，较容易"走弯路"和陷于局部最优解。

2.2.2　局限性分析

归结起来，PGSA 的局限性主要体现在生长空间、初始生长点、劣质生长点及终止机制等方面。下面将对这几方面的局限性进行分析。

1. 生长空间的影响

PGSA 在较大的生长空间里生长时，可能会由于生长点集合过大而导致优化效率下降。通过单峰函数优化算例对 PGSA 的生长和计算过程进行追踪，观察算法的优化效率。

数学算例 1：

$$f(x) = x_1^2 + x_2^2$$

其中，x_1，x_2 为设计变量；$-20 \leqslant x_i \leqslant 20$，$i = 1, 2$。$f(x) = x_1^2 + x_2^2$ 为目标函数，以其最小值为优化目标，并要求精度为 1。显然，本算例中可行域为 41×41 的二维空间，最优解为 $x_{\min} = (0, 0)$，最优值为 $F_{\min} = 0$。图 2.1 是函数 $f(x) = x_1^2 + x_2^2$ 的可行域三维图。

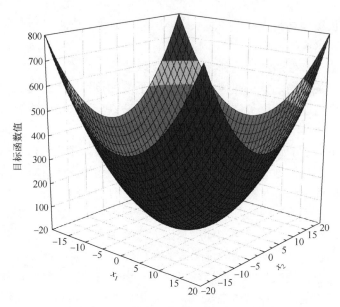

图 2.1　算例 1 的可行域三维图

以上述设计变量、约束条件及目标函数为最优化问题的主要参数，并根据 1.2.2 节中描述的算法流程，利用 MATLAB 软件对 PGSA 进行编程计算。为不失一般性，对其初始生长点取 4 种情况，并按精度要求选择步长，即步长为 1。其结果如下。

（1）情况 1

初始生长点为 $x_0 = (10,10)$，以生长次数 n 为横坐标，所求得的目标函数 $f(x)$ 当前的最优值为纵坐标，对 PGSA 的优化效率进行追踪分析，如图 2.2 所示。在 $n = 101$ 次时，得到了最优值。

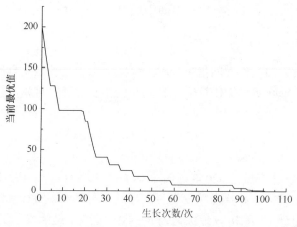

图 2.2　$x_0 = (10,10)$，步长为 1 时的生长次数与当前最优值的关系曲线

（2）情况 2

初始生长点为 $x_0 = (15, -10)$，对 PGSA 的优化效率进行追踪分析，如图 2.3 所示。在 $n = 214$ 次时，得到了最优值。

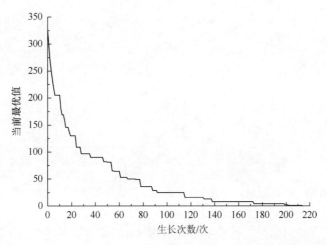

图 2.3　$x_0 = (15, -10)$，步长为 1 时的生长次数与当前最优值的关系曲线

（3）情况 3

初始生长点为 $x_0 = (18, -7)$，对 PGSA 的优化效率进行追踪分析，如图 2.4 所示。在 $n = 169$ 次时，得到了最优值。

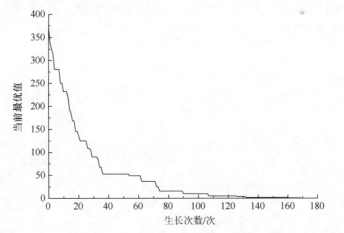

图 2.4　$x_0 = (18, -7)$，步长为 1 时的生长次数与当前最优值的关系曲线

（4）情况 4

初始生长点为 $x_0 = (6, 16)$，对 PGSA 的优化效率进行追踪分析，如图 2.5 所示。

在 $n = 165$ 次时，得到了最优值。

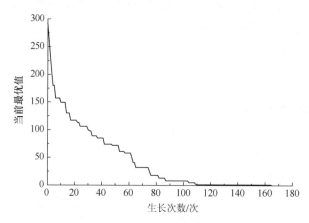

图 2.5 $x_0 = (6,16)$，步长为 1 时的生长次数与当前最优值的关系曲线

从上述可知，PGSA 在较小的可行域内（41×41 的二维空间），通过生长和计算，可以解决算例中的单峰函数最优化问题。

若算例中的精度要求为 0.1，可行域变成 401×401 的二维空间，此时选取同样的 4 个初始生长点，按步长为 0.1 进行计算，其结果如下。

（5）情况 5

初始生长点为 $x_0 = (10,10)$，以生长次数 n 为横坐标，所求得的目标函数 $f(x)$ 当前的最优值为纵坐标，对 PGSA 的优化效率进行追踪分析，如图 2.6 所示。在 $n = 1000$ 次时，当前的最优值 $f_{min} = 101$ 与全局的最优值 $F_{min} = 0$ 仍差距较大。

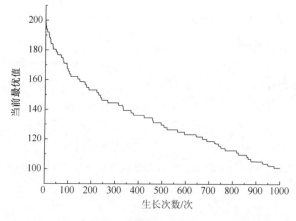

图 2.6 $x_0 = (10,10)$，步长为 0.1 时的生长次数与当前最优值的关系曲线

（6）情况 6

初始生长点为 $x_0 = (15, -10)$，对 PGSA 的优化效率进行追踪分析，如图 2.7 所示。在 $n = 1000$ 次时，当前的最优值 $f_{\min} = 205.64$ 与全局的最优值 $F_{\min} = 0$ 仍差距较大。

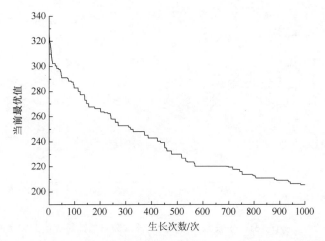

图 2.7　$x_0 = (15, -10)$，步长为 0.1 时的生长次数与当前最优值的关系曲线

（7）情况 7

初始生长点为 $x_0 = (18, -7)$，对 PGSA 的优化效率进行追踪分析，如图 2.8 所示。在 $n = 1000$ 次时，当前的最优值 $f_{\min} = 225.25$ 与全局的最优值 $F_{\min} = 0$ 仍差距较大。

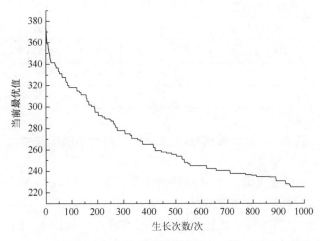

图 2.8　$x_0 = (18, -7)$，步长为 0.1 时的生长次数与当前最优值的关系曲线

（8）情况 8

初始生长点为 $x_0 = (6,16)$，对 PGSA 的优化效率进行追踪分析，如图 2.9 所示。在 $n = 1000$ 次时，当前的最优值 $f_{\min} = 164.9$ 与全局的最优值 $F_{\min} = 0$ 仍差距较大。

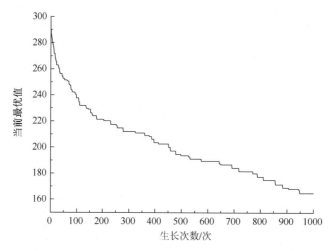

图 2.9　　$x_0 = (6,16)$，步长为 0.1 时的生长次数与当前最优值的关系曲线

不同情况下的优化结果如表 2.1 所示。其中，情况 1—情况 4 的可行域为 41×41 的二维空间，情况 5—情况 8 的可行域为 401×401 的二维空间。

表 2.1　　不同情况下的优化结果

情况	初始生长点	生长次数/次	当前最优值	是否得到最优解	情况	初始生长点	生长次数/次	当前最优值	是否得到最优解
1	(10,10)	101	0	是	5	(10,10)	1000	101.00	否
2	(15,−10)	214	0	是	6	(15,−10)	1000	205.64	否
3	(18,−7)	169	0	是	7	(18,−7)	1000	225.25	否
4	(6,16)	165	0	是	8	(6,16)	1000	164.9	否

从情况 1—情况 8，可以观察到 PGSA 在不同大小的生长空间内，有以下的结论：

①在情况 1—情况 4 中，优化问题的可行域较小（41×41 的二维空间）时，能以较少生长次数得到单峰函数的全局最优值 $F_{\min} = 0$。

②在情况 5—情况 8 中，优化问题的可行域较大（401×401 的二维空间）时，在经历过 1000 次生长后，得到的当前最优值仍与全局最优值 $F_{\min} = 0$ 相差较远。

③在所有情况下，当前最优值均随着生长次数 n 的增加而下降，说明 PGSA

在生长过程中，一直向着全局最优值 $F_{min}=0$ 生长，符合算法设计时的想法。

④尽管 PGSA 在生长过程中有着向全局最优解生长的趋势，但随着生长点的增加，算法的优化效率逐渐下降。从图 2.2—图 2.9 里均可以观察到明显的平直线段，表明在这部分的生长次数内，都没有搜索到更优值，而在情况 5—情况 8 中（可行域较大）平直线段的长度明显大于情况 1—情况 4 中（可行域较小）的平直线段。在情况 5—情况 8 中均可以看到跨越过 50 次生长的平直线，说明在超过 50 次的生长中均不能搜索到更优的解，优化效率下降明显。

2. 初始生长点的影响

初始生长点对 PGSA 的影响，主要体现能否得到全局最优解。下面通过一个多峰函数，观察 PGSA 的优化效果。

数学算例 2：

$$f(x)=[(x_1^2-3)^2-x_1]+[(x_2^2-3)^2-x_2]$$

其中，x_1，x_2 为设计变量；$-2.5 \leqslant x_i \leqslant 2.5$，$i=1,2$。$f(x)$ 为目标函数，以其最小值为优化目标，并要求精度为 0.1。显然，本算例中可行域为 51×51 的二维空间，有 4 个局部最优解，分别为 $x_{min1}=(1.8,1.8)$，$x_{min2}=(-1.7,1.8)$，$x_{min3}=(1.8,-1.7)$，$x_{min4}=(-1.7,-1.7)$，局部最优值分别为 -3.4848，0.0303，-0.0303，3.4242；其中全局最优解为 $x_{min1}=(1.8,1.8)$，最优值为 -3.4848。图 2.10 是函数 $f(x)$ 的可行域三维图。

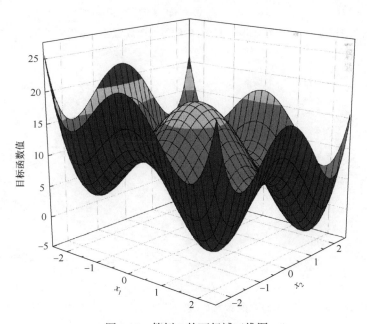

图 2.10　算例 2 的可行域三维图

考虑目标函数在可行域内有 4 个局部最优解，相应地取 4 个不同的初始生长点，以步长为 0.1，对 PGSA 生长和计算过程进行追踪，观察算法的优化效率，其结果如下。

（1）情况 1

初始生长点为 $x_0 = (0.5, 0.3)$，对 PGSA 的优化效率进行追踪分析，如图 2.11 所示。当 $n = 300$ 次时，当前最优值为 $f_{min} = -3.4848$，即为全局最优解。

（2）情况 2

初始生长点为 $x_0 = (-0.5, 0.3)$，对 PGSA 的优化效率进行追踪分析，如图 2.12 所示。当 $n = 300$ 次时，当前最优值为 $f_{min} = -0.0303$，为其中一个局部最优解。

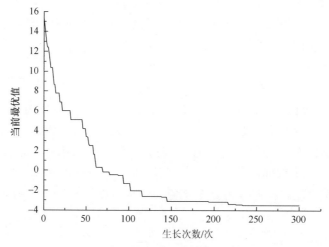

图 2.11 $x_0 = (0.5, 0.3)$，步长为 0.1 时的生长次数与当前最优值的关系曲线

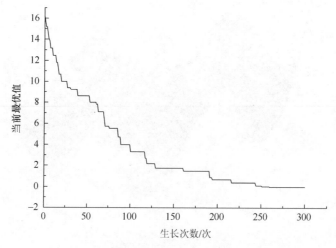

图 2.12 $x_0 = (-0.5, 0.3)$，步长为 0.1 时的生长次数与当前最优值的关系曲线

（3）情况 3

初始生长点为 $x_0 = (0.5, -0.3)$，对 PGSA 的优化效率进行追踪分析，如图 2.13 所示。当 $n = 300$ 次时，当前最优值为 $f_{\min} = -0.030\,3$，为其中一个局部最优解。

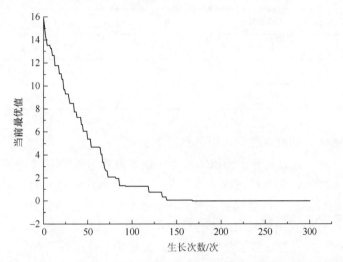

图 2.13　$x_0 = (0.5, -0.3)$，步长为 0.1 时的生长次数与当前最优值的关系曲线

（4）情况 4

初始生长点为 $x_0 = (-0.5, -0.3)$，对 PGSA 的优化效率进行追踪分析，如图 2.14 所示。当 $n = 300$ 次时，当前最优值为 $f_{\min} = 3.424\,2$，为其中一个局部最优解。

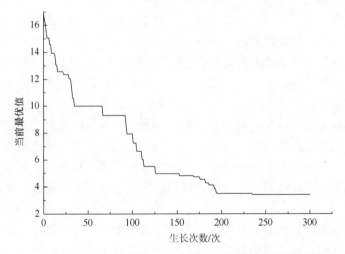

图 2.14　$x_0 = (-0.5, -0.3)$，步长为 0.1 时的生长次数与当前最优值的关系曲线

不同情况下的优化结果如表 2.2 所示。

表 2.2　不同情况下的优化结果

情况	初始生长点	生长次数/次	当前最优值	最优解性质
1	(0.5, 0.3)	300	−3.484 8	全局最优解
2	(−0.5, 0.3)	300	−0.030 3	局部最优解
3	(0.5, −0.3)	300	−0.030 3	局部最优解
4	(−0.5, −0.3)	300	3.424 2	局部最优解

从上述的 4 种情况，我们可以得到以下的结论：

①PGSA 的生长过程对于初始生长点的设置是较为敏感的；4 种情况中取的初始生长点各不相同，但在经过 300 次生长后，当前最优值对应的点，均是与其初始生长点较为接近的局部最优解，且都在最后数十次的生长中表现为收敛于局部最优解，并没有表现出能跳出局部最优解的趋势。因此可以总结，面对算例中的多峰函数，PGSA 能否收敛于全局最优解，其初始生长点的取值尤为关键。

②图 2.11（情况 1）存在最后一段的平直线段，实际上算法在经过 300 次生长后依然在运行。其实算法在平直线段的开端已经获得了全局最优解，但由于缺乏有效的终止条件，算法继续运行，浪费了很多计算资源。

3. 劣质生长点的影响

PGSA 在运行时，会以最初设定的目标函数为起点，由刚开始的初始生长点不断分裂生长出布满生长空间的生长点。在生长点空间不断扩大的过程中，会产生一些快速接近全局最优解的生长点（优质生长点），也会产生一些缓慢接近甚至远离全局最优解的生长点（劣质生长点），这些生长点共同组成了算法运算的生长空间。由于原算法中，没有剔除劣质生长点的机制，因此在之后的生长过程中，劣质生长点会一直存在，并有一定的概率被选取为下一次生长的生长点。当劣质生长点被选取为下一次生长的生长点时，不可避免地将产生更多的劣质生长点，从而使劣质生长点的比例进一步增大，不利于算法的收敛，导致 PGSA 优化效率降低。显然，劣质生长点并非有利于算法运行的因素，而在自然界中普遍存在优胜劣汰的机制，因此在算法运行的过程中，劣质生长点应被筛选出并剔除于生长空间之外。

仍以上述数学算例 1 的单峰函数来探究劣质生长点对 PGSA 运算的影响。

由于目标函数为单峰函数，当设计变量离原点距离越远，得到的结果越背离优化目标，即离原点较远的生长点为上述的劣质生长点。

　　根据以上的目标函数、约束条件和设计变量，结合 1.2.2 节 PGSA 的计算流程，应用 MATLAB 软件进行编程。首先选取一个初始生长点 x_0=(15, 15)，为便于下文添加劣质生长点，第一次生长时选取一个较大的步长（步长为 5），在进行一次生长之后，在生长空间内将会产生若干个新的生长点，其中包括劣质生长点和优质生长点。为了突出表现劣质生长点对算法运行的影响，在第一次生长完成后，人为加入不同数量的劣质生长点，然后以步长 1 继续生长直到找到全局最优解。根据加入劣质生长点数量的差异，将计算样本分为 5 组，各组的具体情况如下。

　　组 1：初始生长点为 x_0=(15, 15)，在第一次生长结束后不加入劣质生长点。
　　组 2：初始生长点为 x_0=(15, 15)，在第一次生长结束后加入 2 个劣质生长点。
　　组 3：初始生长点为 x_0=(15, 15)，在第一次生长结束后加入 4 个劣质生长点。
　　组 4：初始生长点为 x_0=(15, 15)，在第一次生长结束后加入 6 个劣质生长点。
　　组 5：初始生长点为 x_0=(15, 15)，在第一次生长结束后加入 8 个劣质生长点。

　　对以上 5 组分别进行计算，以随后的生长次数 n（相当于迭代次数）为横坐标，目标函数 $f(x)$ 的当前最优值为纵坐标，对 PGSA 的计算过程进行跟踪分析，结果见图 2.15。

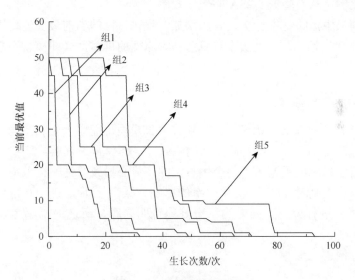

图 2.15　PGSA 优化结果

不同组的优化结果对比如表 2.3 所示。

表 2.3　不同组的优化结果对比

样本分组	初始生长点	生长次数/次	当前最优值	是否得到最优解
组 1	(15, 15)	32	0	是
组 2	(15, 15)	49	0	是
组 3	(15, 15)	65	0	是
组 4	(15, 15)	71	0	是
组 5	(15, 15)	93	0	是

由表 2.3 可得以下结论：

①组 1—5 中，经过生长后都能得到该函数的最优解，但所需的生长次数逐步增多。这是由于在首次生长之后，加入的劣质生长点数量的差异导致的，加入的劣质生长点数量越多，算法收敛的速度越慢。在首次生长之后，生长空间内的生长点个数较少，所加入的劣质生长点（2 个、4 个、6 个、8 个）占所有生长点数量的比例较大，在之后的生长中将增加劣质生长点被选中的概率，从而导致算法效率的降低。在原算法的优化计算过程中，即使无人为加入劣质生长点，但在生长过程中也会产生劣质生长点，而劣质生长点一旦被选中，又会进一步增加劣质生长点的比例，从而降低 PGSA 的优化效率。

②不同组中，随着生长次数 n 的增加，优化目标的当前最优值均逐步趋向于全局最优值 0 生长，这也证实了该算法基本原理的可靠性（即植物不断地向光源生长）。

4. 终止机制的影响

原始 PGSA 的算法终止机制为：植物生长模型覆盖整个生长空间，可行域内的所有生长点均已生长，不再产生新的生长点，即获得最优解。

此种终止机制由于遍历了整个生长空间，势必导致算法优化效率的降低。为考察原始终止机制对 PGSA 优化效率的影响，采用以下算例（上述数学算例 2 的简化形式）进行分析，同时为了更好地说明问题，所选的初始生长点适当远离最优解。

数学算例 3：

$$f(x)=(x_1+3)^2+(x_2-2)^2$$

其中，x_1，x_2 为设计变量；$-15 \leqslant x_i \leqslant 15$，$i=1,2$。优化目标为求函数 $f(x)=(x_1+3)^2+(x_2-2)^2$ 的最小值，精度要求为 1。显然，在本算例中，$x_{\min}=(-3,2)$ 为理论最优解，其相应的理论最优值为 $F_{\min}=0$。

所选初始生长点略远离最优解(-3, 2)，同时为保证其一般性，将初始生长点的选取分为以下四种情况。以生长次数为横坐标，每一次生长所求得到的当前最优值为纵坐标，来考察 PGSA 的计算过程。

（1）情况 1

初始生长点为 $x_0 = (9, -7)$，对应的初始函数值为 $f(x_0) = 225$，如图 2.16 所示。通过计算，当生长次数 n 达到 92 次时，首次搜索到理论最优值 $F_{min} = 0$。

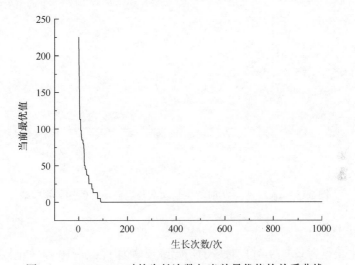

图 2.16　$x_0 = (9, -7)$ 时的生长次数与当前最优值的关系曲线

（2）情况 2

初始生长点为 $x_0 = (-11, 9)$，对应的初始函数值为 $f(x_0) = 113$，如图 2.17 所示。当生长次数 n 达到 57 次时，首次搜索到理论最优值 $F_{min} = 0$。

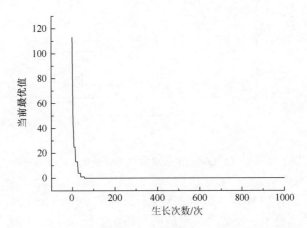

图 2.17　$x_0 = (-11, 9)$ 时的生长次数与当前最优值的关系曲线

（3）情况 3

初始生长点为 $x_0 = (-11, -7)$，对应的初始函数值为 $f(x_0) = 145$，如图 2.18 所示。当生长次数 n 达到 73 次时，首次搜索到理论最优值 $F_{min} = 0$。

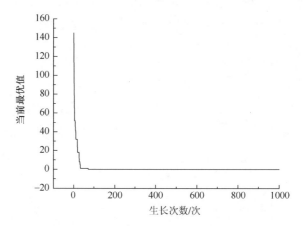

图 2.18　$x_0 = (-11, -7)$时的生长次数与当前最优值的关系曲线

（4）情况 4

初始生长点为 $x_0 = (9,9)$，对应的初始函数值为 $f(x_0) = 193$，如图 2.19 所示。当生长次数 n 达到 98 次时，首次搜索到理论最优值 $F_{min} = 0$。

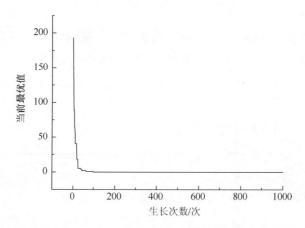

图 2.19　$x_0 = (9, 9)$时的生长次数与当前最优值的关系曲线

由图 2.16—图 2.19 可知，当 PGSA 生长空间较小时，采用 PGSA 原始的终止机制，在相对较少的生长次数内（对应四种初始生长点分别为 92 次、57 次、73 次和 98 次）搜索到了理论最优值 $F_{min} = 0$，但由于生长空间内仍有生长点存在，

算法未能得到有效终止，直至生长次数 n 达到 1000 次时仍在运算，最终需人为终止。如此便会造成计算资源极度浪费，同时在此过程中生长点的集合也在扩大，使得增加的生长点对应的函数值及其生长概率的计算量也急剧增长。若生长空间较大，仍采用原始终止机制，所需的资源更是急剧增加。

参 考 文 献

[1]　李彤，王众托. 模拟植物生长算法与知识创新的几点思考[J]. 管理科学学报，2010, 13（3）：87-96.

[2]　丁雪枫，马良，丁雪松. 基于模拟植物生长算法的易腐物品物流中心选址[J]. 系统工程，2009, 27（2）：96-101.

[3]　丁雪枫，尤建新，王洪. 突发事件应急设施选址问题的模型及优化算法[J]. 同济大学学报（自然科学版），2012, 40（9）：1428-1433.

[4]　丁雪枫，尤建新. 模拟植物生长算法与应用[M]. 上海：上海人民出版社，2011.

[5]　陈前. 基于改进的模拟植物生长算法的弦支穹顶结构优化设计研究及其抗震性能分析[D]. 广州：华南理工大学，2013.

[6]　石开荣，阮智健，姜正荣，等. 模拟植物生长算法的改进策略及桁架结构优化研究[J]. 建筑结构学报，2018, 39（1）：120-128.

[7]　林全攀. 弦支穹顶结构找力优化方法及施工仿真分析[D]. 广州：华南理工大学，2018.

[8]　吕俊锋. 基于改进 PGSA 的高层悬挂结构优化设计方法及施工模拟分析[D]. 广州：华南理工大学，2018.

[9]　潘文智. 基于模拟植物生长算法的空间结构拓扑优化方法研究[D]. 广州：华南理工大学，2019.

[10]　阮智健. 基于改进 PGSA 的预应力钢结构优化设计及其拉索索力识别方法研究[D]. 广州：华南理工大学，2015.

第3章 基于生长空间缩聚的模拟植物生长算法的结构优化

3.1 基于概率的生长空间缩聚机制

3.1.1 基本思路

本节在已有文献研究成果的基础上，结合 PGSA 搜索全局最优解的方式和植物的向光性机理，即形态素浓度较高的生长点将具有较大的优先生长机会，提出新的改进机制——基于概率的生长空间缩聚机制。

1. 基本思想

基于概率的生长空间缩聚机制的基本思想可表述为：在每一次迭代过程中，当生长点集合达到一定的规模时，通过随机数在形态素浓度状态空间选择新的生长点之前，先根据形态素的浓度高低，并在满足计算精度要求的基础上（不低于95%的保证率），淘汰掉一部分形态素浓度较低的生长点——劣质生长点，然后重新计算形态素浓度并形成缩聚后的[0, 1]状态空间，再通过[0, 1]中产生的随机数来选择新的生长点，继续进行迭代计算。

2. 理论依据

基于概率的生长空间缩聚机制的理论依据：①在植物的向光性机理下，形态素浓度较高的生长点，将具有较大的优先生长机会，形态素较低的生长点，获得生长的机会较小。当生长点集合规模较大时，形态素浓度较低的生长点，几乎不具有生长机会，这与概率论的基本原理是相符的。②PGSA 具有搜索全局最优解的功能，利用该算法求解优化问题，是依据形态素浓度理论建立不同光线强度的环境下按照全局最优的方式向着光源迅速生长的过程，采用生长空间缩聚法淘汰一部分形态素浓度值较低的劣质生长点，不影响植物枝干长满整个生长空间的过程。

3. 实施原则

基于概率的生长空间缩聚机制的实施原则为：在每一次迭代过程中，将生长点集合中形态素浓度值最低的 5%（即劣质生长点）淘汰，该劣质生长点为非整数数目时，则采用四舍五入法将其整数化，并将保留的生长点组成新的生长点集合。结合具体的实际问题，根据生长点集合的规模，可采用如下操作方案：①当生长点集合中的生长点数目小于 10 个时，不淘汰生长点。②当生长点集合中的生长点数目为 10—20 个时，淘汰 1 个形态素浓度值最低的生长点，该生长点从集合中删除，将不具有生长机会。③当生长点集合中的生长点数目为 20 个以上时，按照上述 5%淘汰率，剔除形态素浓度值最低的劣质生长点。

　　综上，尤其当生长点集合规模较大时，基于概率的生长空间缩聚机制通过淘汰生长机会较小的劣质生长点，可以有效控制形态素浓度状态空间的大小，在不影响找出全局最优解的情况下减少迭代次数，缩短算法的运行时间，提高算法效率。

3.1.2　算法流程

　　根据 3.1.1 节的思路，基于生长空间缩聚的 PGSA 的基本流程如图 3.1 所示。

3.2　基于生长空间缩聚的模拟植物生长算法优化模型

3.2.1　目标函数及设计变量

　　目标函数的一般形式可表示为[1-2]

$$\begin{cases} f_{\min}(\boldsymbol{x}) \\ \boldsymbol{x} \in \boldsymbol{X}_1 \quad \boldsymbol{x} = (x_1, x_2, \cdots, x_n) \quad \boldsymbol{x}\text{为整数向量} \end{cases} \tag{3.1}$$

式中，设计变量 $\boldsymbol{x}$ 为属于 $\boldsymbol{X}_1$ 的整数向量；目标函数 $f(\boldsymbol{x})$ 为在 $\boldsymbol{X}$ 上定义的连续函数；$\boldsymbol{X}$ 属于 $\mathbf{R}^n$ 中的有界闭包；$\boldsymbol{X}_1$ 表示 $\boldsymbol{X}$ 中所有的整数点。$\boldsymbol{X}$ 可以根据具体问题来确定，如目标函数中只有一个变量，即一维问题，$\boldsymbol{X}$ 为一个直线区间$[a, b]$；目标函数中有两个变量，即二维问题，可定义为圆或者矩形；高维问题可按各个分量的直线区间来定义，$x_1 \in [a_1, b_1]$，$x_2 \in [a_2, b_2]$，$\cdots$，$x_n \in [a_n, b_n]$，其中 a_1，b_1，a_2，b_2，$\cdots$，a_n，b_n 应取整数。

　　以钢结构为例，设计变量 $\boldsymbol{x}$ 可取为杆件的截面面积，目标函数 $f(\boldsymbol{x})$ 可取为结构的用钢量最小，即若忽略节点质量对结构自身质量的影响，则有

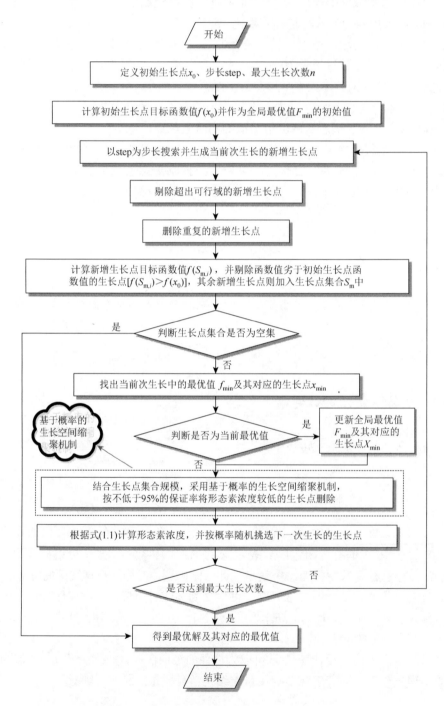

图 3.1　基于生长空间缩聚的 PGSA 基本流程

$$\begin{cases} W = \sum_{i=1}^{n} \rho_i A_i L_i \\ A_i = \pi(D_i - d_i)d_i \qquad A_i \in \boldsymbol{X}_1 \quad (i = 1, 2, 3, \cdots, n) \end{cases} \qquad (3.2)$$

式中，W 为结构总质量；ρ_i 为第 i 根杆件材料的质量密度；A_i 为第 i 根杆件的截面面积；L_i 为第 i 根杆件的实际几何长度；D_i 为第 i 根杆件的外径；d_i 为第 i 根杆件的壁厚；n 为杆件类型的数目；$\boldsymbol{X}_1 = [A_1, A_2, \cdots, A_n]^{\mathrm{T}}$ 为常用钢结构杆件截面库。

3.2.2　约束条件

约束条件的一般形式可表示为[1-2]

$$\begin{cases} g_i(\boldsymbol{X}) \leqslant 0 \quad (i = 1, 2, 3, \cdots, m_1) \\ h_i(\boldsymbol{X}) = 0 \quad (i = 1, 2, 3, \cdots, m_2) \end{cases} \qquad (3.3)$$

式中，$g_i(\boldsymbol{X}) \leqslant 0$ 为不等式约束条件；$h_i(\boldsymbol{X}) = 0$ 为等式约束条件。

以钢结构优化设计为例，其约束条件有容许长细比、容许挠度、构件强度、压弯杆件稳定性、杆件截面面积限值等。

3.2.3　结构优化流程

根据基于生长空间缩聚的 PGSA 的特点，采用将 ANSYS 二次开发语言 APDL 与 MATLAB 相结合的方法，其结构优化的计算流程如图 3.2 所示。以钢结构用钢量优化设计为例，设计变量为结构杆件的截面面积，变量个数即为初始确定的截面类型数目。

3.3　桁架结构截面优化设计

十杆平面桁架[3]，如图 3.3 所示，具有 10 个设计变量，6 个节点。采用铝质材料，密度 $\rho = 2.774 \times 10^3 \, \mathrm{kg/m^3}$，弹性模量 $E = 6.896 \times 10^4 \, \mathrm{N/mm^2}$，泊松比 $\nu = 0.3$。拉压杆的许用应力 $[\sigma] = \pm 172.4 \mathrm{N/mm^2}$。两个荷载工况：①向下的集中力 F_2 作用在 2 号节点，数值为 $-444.89 \times 10^3 \mathrm{N}$；②向下的集中力 F_4 作用在 4 号节点，数值为 $-444.89 \times 10^3 \mathrm{N}$。位移约束是两个荷载工况下各可动节点的竖向最大位移不超过 $\pm 50.8 \mathrm{mm}$。各个杆件截面面积的下限均为 $64.5 \mathrm{mm^2}$。

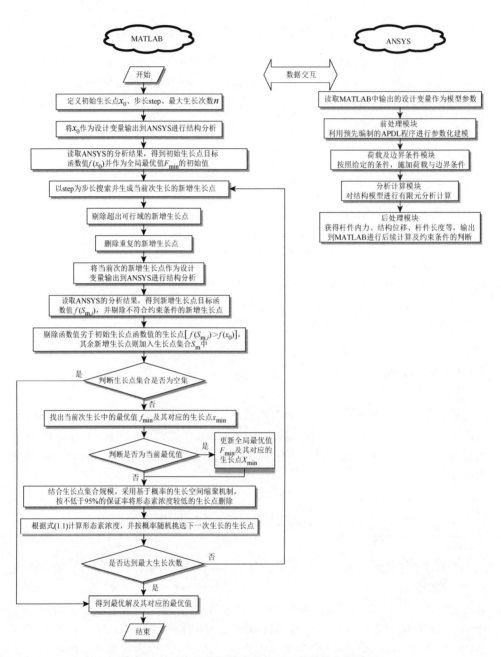

图 3.2 基于生长空间缩聚的 PGSA 的结构优化流程

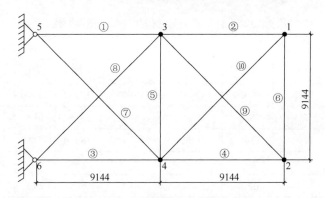

图 3.3 十杆平面桁架（单位：mm）

桁架中杆件的容许长细比[λ]取值应满足规范[4]的要求：对受压和压弯杆件取[λ] = 150，对承载静力荷载的受拉和拉弯杆件取[λ] = 350。其他约束条件详见文献[3]。

许用截面库如表 3.1 所示，随机选取初始生长点（各杆件的初始截面面积）：杆件 1 为 20 000mm²，杆件 2 为 3225mm²，杆件 3 为 12 900mm²，杆件 4 为 10 320mm²，杆件 5 为 1290mm²，杆件 6 为 1935mm²，杆件 7 为 4515mm²，杆件 8 为 10 320mm²，杆件 9 为 13 550mm²，杆件 10 为 3870mm²。

表 3.1 十杆平面桁架许用截面库

序号	1	2	3	4	5	6	7	8
截面面积/mm²	64.5	322.5	645.0	1290.0	1935.0	2580.0	3225.0	3870.0
序号	9	10	11	12	13	14	15	16
截面面积/mm²	4193.0	4515.0	4838.0	5160.0	5483.0	5805.0	6128.0	6450.0
序号	17	18	19	20	21	22	23	24
截面面积/mm²	7095.0	7740.0	8385.0	9030.0	9675.0	10 320.0	10 970.0	11 610.0
序号	25	26	27	28	29	30	31	32
截面面积/mm²	12 260.0	12 900.0	13 550.0	14 190.0	14 840.0	15 480.0	16 130.0	16 770.0
序号	33	34	35	36	37	38	39	40
截面面积/mm²	17 420.0	18 060.0	18 710.0	19 350.0	20 000.0	20 640.0	21 290.0	21 930.0

分别采用基于生长空间缩聚的 PGSA 和原始 PGSA 进行优化，两者的优化结果一致，如表 3.2 所示。但算法改进前后的运行时间有所差别，如表 3.3 所示。

表 3.2　十杆平面桁架结构质量优化结果对比

		基于生长空间缩聚的 PGSA	原始 PGSA	二级优化法	相对差商法	连续变量法			
				文献[3]	文献[5]	文献[6]	文献[7]	文献[8]	文献[9]
杆件截面面积 /mm²	杆件 1	19 350	19 350	18 710	20 000	15 190	15 670	16 650	15 190
	杆件 2	645	645	1935	64.5	64.5	64.5	64.5	64.5
	杆件 3	10 970	10 970	10 320	14 190	16 310	15 090	17 570	16 310
	杆件 4	8385	8385	8385	10 320	9262	8807	10740	9362
	杆件 5	1290	1290	645	64.5	64.5	64.5	64.5	64.5
	杆件 6	645	645	1290	64.5	1271	1271	1303	1271
	杆件 7	3225	3225	4193	1935	7992	8172	8237	7992
	杆件 8	9675	9675	9675	14 840	8264	8091	9172	8264
	杆件 9	12 260	12 260	12 260	14 190	13 120	14 170	14 280	13 120
	杆件 10	1290	1290	2580	64.5	64.5	64.5	64.5	64.5
结构质量/t		1.996	1.996	1.996	2.245	2.123	2.131	2.298	2.123

表 3.3　PGSA 改进前后的运行时间对比

	基于生长空间缩聚的 PGSA	原始 PGSA
运行时间/s	125.80	134.05

　　由表 3.2 可以看出，采用基于生长空间缩聚的 PGSA 优化十杆平面桁架的用钢量，优化结果为 1.996t，比文献[3]、[5]—[9]求得的结构质量分别小 5.72%、11.09%、5.98%、6.34%、13.14%、5.98%，平均小 8.04%，这说明本章方法具有较好的优化效果。

　　由表 3.2 和表 3.3 可知，基于生长空间缩聚的 PGSA 和原始 PGSA 均可以搜索到同样的全局最优解，但是基于生长空间缩聚的 PGSA 运行时间较短，在采用相同初始生长点的条件下，改进后的时间比改进前少 8.25s，说明基于概率的生长空间缩聚机制可以明显提高 PGSA 的搜索效率，节省计算时间。

　　在两种荷载工况下，按照本章最终优化结果，最大节点位移如表 3.4 所示，各个杆件的轴向应力如表 3.5 所示。由表 3.4 和表 3.5 可知，在荷载工况 1，最大节点位移为–50.78mm，所有杆件的最大轴向应力为–53.72N/mm²；在荷载工况 2，最大节点位移为–29.38mm，所有杆件的最大轴向应力为 147.25N/mm²。因此，两种工况下均满足应力约束条件和位移约束条件的要求，所求优化解满足所有约束条件。

表 3.4 两种荷载工况下的最大节点位移

荷载工况	工况 1	工况 2
最大节点位移/mm	−50.78	−29.38

表 3.5 两种荷载工况下的杆件轴向应力

杆件号	轴向应力/(N/mm²)		杆件号	轴向应力/(N/mm²)	
	荷载工况 1	荷载工况 2		荷载工况 1	荷载工况 2
1	41.98	11.16	6	52.09	−40.45
2	52.10	−40.45	7	33.94	100.35
3	−47.61	−20.86	8	−53.72	−31.58
4	−49.05	−3.11	9	47.44	3.01
5	−33.94	147.25	10	−36.84	28.60

3.4 网壳结构截面优化设计

为便于优化结果的对比，采用文献[10]的优化算例。K6 型单层球面网壳的跨度为 70m，矢高为 20m，矢跨比为 1/3.5，共有 930 根杆件，331 个节点，支承条件为周边固定铰支座，节点采用焊接空心球，如图 3.4 所示。结构采用 Q235 钢管，密度 $\rho = 7.85 \times 10^3 \, \text{kg} / \text{m}^3$，弹性模量 $E = 2.06 \times 10^8 \, \text{N} / \text{mm}^2$，泊松比 $\nu = 0.3$。

单层球面网壳中，钢材的设计强度 $f = 215 \text{N/mm}^2$，容许挠度 $\mu = 175 \text{mm}$，杆件的容许长细比 $[\lambda]$ 取值应满足如下要求：对受压和压弯杆件取 $[\lambda] = 150$，受拉和拉弯杆件取 $[\lambda] = 250$。其他约束条件详见文献[10]。

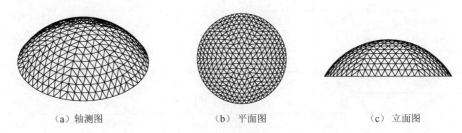

（a）轴测图　　　　　　（b）平面图　　　　　　（c）立面图

图 3.4 矢跨比为 1/3.5 的 K6 型单层球面网壳

结构承受的永久荷载标准值：单层球面网壳自重为 0.4kN/m²，节点自重为 0.1kN/m²，屋面板自重为 0.6kN/m²，设备管道等自重为 0.4kN/m²；屋面活荷载为 0.5kN/m²。不考虑地震作用，采用由可变荷载效应控制的荷载组合作用：$q = 1.2 \times$

永久荷载 + 1.4×活荷载 = 2.5kN/m^2。结构进行有限元分析时，将球面均布荷载转化为节点荷载，$F = 35.5$kN。

结合球面网壳杆件的受力特征，按照文献[10]的方式，将杆件分为 9 类，划分方式为：由内向外 1—5 圈环向杆件为第一类，6—9 圈环向杆件为第二类，10 圈环向杆件为第三类，1—2 圈斜向杆件为第四类，3—4 圈斜向杆件为第五类，5—9 圈斜向杆件为第六类，1—3 圈径向杆件为第七类，4—5 圈径向杆件为第八类，6—10 圈径向杆件为第九类。每一类杆件采用相同的截面面积，因此本算例共有 9 个设计变量。

结合空间结构常用钢管的类型，选取 32 种规格的钢管[10]（表 3.6）作为许用截面库。优化结果如表 3.7 所示。

表 3.6 网壳结构许用截面库

编号	1	2	3	4	5	6	7	8
管径/mm	83	83	95	89	83	102	95	89
壁厚/mm	4.0	4.5	4.0	4.5	5.0	4.0	4.5	5.0
回转半径/mm	28.0	27.8	32.2	29.9	27.6	34.7	32.0	29.8
截面面积/mm^2	993	1110	1144	1195	1225	1232	1279	1319
编号	9	10	11	12	13	14	15	16
管径/mm	102	114	89	121	127	133	121	102
壁厚/mm	4.5	4.0	5.5	4.0	4.0	4.0	4.5	5.5
回转半径/mm	34.5	38.9	29.6	41.4	43.5	45.6	41.2	34.2
截面面积/mm^2	1378	1382	1443	1470	1546	1621	1647	1667
编号	17	18	19	20	21	22	23	24
管径/mm	127	89	133	140	95	146	152	102
壁厚/mm	4.5	7.0	4.5	4.5	7.0	4.5	4.5	7.0
回转半径/mm	43.3	29.1	45.5	47.9	31.2	50.1	52.2	33.7
截面面积/mm^2	1732	1803	1817	1916	1935	2000	2085	2089
编号	25	26	27	28	29	30	31	32
管径/mm	127	140	114	114	133	146	152	159
壁厚/mm	5.5	5.5	7.0	8.0	8.0	9.0	10.0	10.0
回转半径/mm	43.0	47.6	37.9	37.6	44.3	48.5	50.3	5.28
截面面积/mm^2	2099	2324	2353	2664	3142	3874	4461	4681

通过对表 3.7 的结果数据进行对比可以看出，与上述十杆平面桁架算例的优化结果类似，采用基于生长空间缩聚的 PGSA 来优化单层球面网壳结构的用钢量，

具有较好的搜索效率和优化效果，其优化结果为 42.479t，比文献[10]中采用改进的性境遗传算法（ANGA）、遗传算法（GA）和 ANSYS 求得的结构质量优化解分别小 5.81%、8.70%、11.04%，平均小 8.52%。

表 3.7　单层球面网壳结构优化设计结果比较

		基于生长空间缩聚的 PGSA 计算结果	ANGA 计算结果	GA 计算结果	ANSYS 计算结果
杆件截面面积 /mm²	第一类杆件	1232	1300	1300	1500
	第二类杆件	993	1200	1400	1200
	第三类杆件	993	1200	1500	1600
	第四类杆件	1470	1500	1500	1800
	第五类杆件	1470	1500	1500	1500
	第六类杆件	1382	1400	1400	1400
	第七类杆件	1732	1800	1600	1900
	第八类杆件	1378	1400	1900	2000
	第九类杆件	1144	1100	1100	1900
结构质量/t		42.479	45.099	46.527	47.752

按照基于生长空间缩聚的 PGSA 的最终优化结果，各类杆件的最大节点位移、最大长细比和最大应力如表 3.8 所示。由表 3.8 可知，所有杆件的最大应力为 140.98 N/mm²，最大节点位移为-28.67mm，最大长细比为 147.56。因此，在由可变荷载效应控制的荷载组合作用下，各类杆件均满足应力约束条件、位移约束条件和容许长细比的要求，所求优化解满足所有约束条件。

表 3.8　各类杆件的最大应力、最大节点位移、最大长细比

杆件类别	最大应力/(N/mm²)	最大节点位移/mm	最大长细比
1	139.27		
2	139.32		
3	140.12		
4	140.97		
5	140.72	-28.67	147.56
6	140.72		
7	140.98		
8	140.73		
9	140.71		

3.5　弦支穹顶结构截面优化设计

　　弦支穹顶结构跨度为 80m，矢高约 6.667m，矢跨比为 1/12。上部刚性层结构为单层联方型球面网壳，下部张拉索杆体系也布置为联方型，隔圈隔节点设置环向索和撑杆（共 3 圈）[11]。支承条件为固定铰支座，上部网壳采用刚性节点，如图 3.5 所示。环向和径向拉索材料均采用 1670 级半平行扭绞型镀锌钢丝束索，上部网壳杆件及撑杆均采用 Q355B 钢，型号为 $\phi 168 \times 8$ 钢管，由内到外长度分别为 4.889m，5.723m，6.556m；环向索型号由内到外分别为 $\phi 5 \times 61$，$\phi 5 \times 91$，$\phi 5 \times 121$，径向索型号为 $\phi 5 \times 55$。钢管弹性模量 $E_1 = 2.06 \times 10^5 \text{N/mm}^2$，拉索弹性模量 $E_2 = 1.95 \times 10^5 \text{N/mm}^2$。

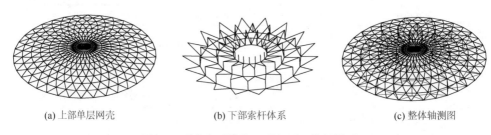

(a) 上部单层网壳　　　　　　　(b) 下部索杆体系　　　　　　　(c) 整体轴测图

图 3.5　弦支穹顶结构（联方型）算例模型

　　屋面荷载条件：永久荷载标准值 $g = 0.4 \text{kN/m}^2$（不含结构自重），活荷载标准值 $p = 0.5 \text{kN/m}^2$。有限元分析时，为保证计算精度，在网壳的表面建立一种表面效应单元，此单元专门用于屋面竖向均布面荷载精确传导，而不提供刚度。

　　结合上部刚性层网壳杆件的受力特征，将杆件分为 8 类，划分方式为：由内向外，将每两圈径向杆件划为一类，同样，将每两圈环向杆件也划为一类。每一类杆件采用相同的截面面积，因此本弦支穹顶结构共有 8 个设计变量。

　　结合空间结构常用钢管的类型，选取 40 种规格的钢管[12]（表 3.9）作为许用截面库。优化结果如表 3.10 所示。

表 3.9　弦支穹顶结构的许用截面库

编号	1	2	3	4	5	6	7	8
管径/mm	83	89	95	102	108	83	114	89
壁厚/mm	5	5	5	5	5	7	5	7
回转半径/mm	27.6	29.8	31.9	34.3	36.5	27	38.6	29.1
面积/mm²	1225	1319	1414	1524	1617	1671	1712	1803

续表

编号	9	10	11	12	13	14	15	16
管径/mm	121	127	95	133	102	140	108	114
壁厚/mm	5	5	7	5	7	5	7	7
回转半径/mm	41.1	43.2	31.2	45.3	33.7	47.8	35.8	37.9
截面面积/mm^2	1822	1916	1935	2011	2089	2121	2220	2353
编号	17	18	19	20	21	22	23	24
管径/mm	159	168	180	152	133	121	159	140
壁厚/mm	5	5	5	6	7	8	6	7
回转半径/mm	54.5	57.7	61.9	51.7	44.6	40.1	54.1	47.1
截面面积/mm^2	2419	2560	2749	2752	2771	2840	2884	2925
编号	25	26	27	28	29	30	31	32
管径/mm	194	168	180	194	152	203	159	168
壁厚/mm	5	6	6	6	8	6	8	8
回转半径/mm	66.8	57.3	61.6	66.5	51	69.7	53.5	56.6
截面面积/mm^2	2969	3054	3280	3544	3619	3713	3795	4021
编号	33	34	35	36	37	38	39	40
管径/mm	180	194	159	203	168	180	194	203
壁厚/mm	8	8	10	8	10	10	10	10
回转半径/mm	60.9	65.8	52.8	69	56	60.2	65.1	68.3
截面面积/mm^2	4323	4675	4681	4901	4964	5341	5781	6063

表 3.10　弦支穹顶结构的用钢量优化结果

		基于生长空间缩聚的 PGSA 计算结果
杆件截面面积/mm^2	第一类杆件	2.419
	第二类杆件	2.560
	第三类杆件	2.749
	第四类杆件	2.969
	第五类杆件	1.225
	第六类杆件	1.712
	第七类杆件	2.560
	第八类杆件	2.969
结构质量/t		151.082

　　按照基于生长空间缩聚的 PGSA 的最终优化结果，最大节点位移、杆件最大应力和最大长细比如表 3.11 所示。由表 3.11 可知，所有杆件的最大应力为 98.36N/mm^2，最大节点位移为–42.73mm，压弯构件的最大长细比为 148.19，拉弯构件的最大长细比为 167.01。因此，各类杆件均满足规范[4]中应力约束条件、位移约束条件和容许长细比的要求，所求优化解满足所有约束条件。

表 3.11　弦支穹顶结构的杆件最大应力、最大节点位移、最大长细比

最大应力/(N/mm^2)	最大节点位移/mm	最大长细比	
		压弯构件	拉弯构件
98.36	–42.73	148.19	167.01

参 考 文 献

[1]　丁雪枫，尤建新. 模拟植物生长算法与应用[M]. 上海：上海人民出版社，2011.

[2]　王周缅，马良. 非线性规划的元胞蚂蚁算法[J]. 上海理工大学学报，2008，30（4）：361-365.

[3]　李永梅，张毅刚. 离散变量结构优化的 2 级算法[J]. 北京工业大学学报，2006，32（10）：883-889.

[4]　中华人民共和国住房和城乡建设部. 钢结构设计标准：GB 50017—2017[S]. 北京：中国建筑工业出版社，2017.

[5]　孙焕纯，柴山，王跃方. 离散变量结构优化设计[M]. 大连：大连理工大学出版社，1995.

[6]　Schmit L A，Miura H. An advanced structural analysis/synthesis capability: ACCESS 2[J]. International Journal for Numerical Methods in Engineering，1978，12（2）：353-377.

[7]　Schmit L A，Farshi B. Some approximation concepts for structural synthesis[J]. AIAA Journal，1974，12（5）：692-699.

[8]　Dobbs M W，Nelson R B. Application of optimality criteria to automated structural design[J]. AIAA Journal，1976，14（10）：1436-1443.

[9]　Rizzi P. Optimization of multi-constrained structures based on optimality criteria[C]//Proceedings of AIAA/ASME/SAE 17th Structures，Structural Dynamic and Materials Conference，1976.

[10]　江季松，叶继红. 遗传算法在单层球壳质量优化中的应用[J]. 振动与冲击，2009，28（7）：1-7.

[11]　石开荣. 大跨椭圆形弦支穹顶结构理论分析与施工实践研究[D]. 南京：东南大学，2007.

[12]　包头钢铁设计研究总院，中国钢结构协会房屋建筑钢结构协会. 钢结构设计与计算[M]. 2 版. 北京：机械工业出版社，2006.

第4章 基于改进模拟植物生长-遗传混合算法的结构优化

4.1 改进模拟植物生长-遗传混合算法

4.1.1 形态素浓度计算的精英机制

在 PGSA 的运行过程中，随着生长次数的增加，生长点集合将会越来越大。通过式（1.1）的形态素浓度计算方法，我们可以发现，算法会把生长过程中所有目标函数值优于初始生长点函数值的点，纳入生长点集合。但随着算法的进行，这些生长点中能够确保在经历一两次生长以后寻找到更优解的生长点（以下称精英生长点）只占很小的一部分，其他的大部分生长点（以下称劣质生长点）都需要多次生长才能得到更好的解。由于精英生长点及劣质生长点同时存在，且劣质生长点往往占较高的比例，因此通过概率选择的方法挑选下一次的生长点时，劣质生长点被选中的可能性较大。劣质生长点经过生长后，继续使用式（1.1）中的形态素浓度计算方法，很有可能会产生更多的劣质生长点，精英生长点的比例被进一步降低，最终导致算法的优化效率明显下降。

鉴于此，本节提出一种改进的形态素浓度计算方法，以实现保留精英生长点、去除劣质生长点的精英机制。通过对式（1.1）的改进，在这里提出了式（4.1），用于第 n 次生长后、选择第 $n+1$ 次的生长点时，计算形态素浓度。

$$P_{m,i} = \frac{f(x_{n-1}) - f(S_{m,i})}{\sum_{i=1}^{k}[f(x_{n-1}) - f(S_{m,i})]} \tag{4.1}$$

式中利用 $f(x_{n-1})$ 替换了式（1.1）中 $f(x_0)$，其中 $f(x_0)$ 为初始生长点的目标函数值，$f(x_{n-1})$ 为第 $n-1$ 次生长后，当时的函数最优值。在利用了式（4.1）以后，可以有效地剔除劣质生长点，提高精英生长点被选中的概率。

当然，这种方法也有其缺点。激进的精英机制（利用 $f(x_{n-1})$ 替换 $f(x_0)$），有可能会导致生长点过少，算法过早收敛于局部最优解。因此可以根据实际情况，选择更为温和的精英机制，如利用 $f(x_{n-2})$ 或 $f(x_{n-3})$ 替换 $f(x_0)$，可以保留更多的生长点。

4.1.2　智能变步长机制

生长空间（可行域）的大小是影响 PGSA 优化效率的重要因素，而在固定步长的情况下，对最优解的精度要求往往就确定了生长空间的大小。如数学算例 2：

$$f(x)=[(x_1^2-3)^2-x_1]+[(x_2^2-3)^2-x_2]$$

其中，$-2.5 \leqslant x_i \leqslant 2.5$，$i=1,2$。若要求最优解有 0.1 的精度，步长为 0.1，即生长空间为 51×51 的二维空间；要求 0.01 的精度，步长为 0.01，则生长空间为 501×501 的二维空间；要求 0.001 的精度，步长为 0.001，则生长空间为 5001×5001 的二维空间。如此类推，可以发现随着精度的提高，采取固定步长的搜索模式，生长空间是急剧变大的，当有更多的设计变量时，其变化将会更加明显，而随之导致的优化效率下降问题尤为严重。

因此，在 PGSA 的运行中如果能实现变步长，则能够保证在较小的、可接受的生长空间内向全局最优解生长。而最为理想的变步长形式，本质上应该符合如下的要求：若初始步长为 0.1，并每次按前次步长的 1/10 进行变化（则随着生长的进行依次按 0.1、0.01、0.001 的步长进行搜索），则需要保证在变步长前已经达到了当前精度下的最优解。比如，当算法决定将步长从 0.1 缩小成 0.01 时，需要确保已经得到了精度要求为 0.1 时的最优解，并以此为生长点按 0.01 的步长进行下一阶段的搜索。前面的章节已经提到，PGSA 缺乏有效的终止机制，如何决定变步长的时机是一个难题。

精英机制与智能变步长机制的结合，为这个难题提供了解决方法。由于实施了精英机制以后，生长点的数量会变小，如果已经获得了本阶段步长所能得到的最优解，生长点的数量将会在数次生长内变成零。精英机制的这种特点，为智能变步长机制提供了明确的判断条件。精英机制和智能变步长机制的结合，也为 PGSA 的终止机制提供了解决方法：当步长小于精度要求时，即可停止算法。

4.1.3　基于遗传算法的初始生长点选择机制

遗传算法（genetic algorithm，GA）是根据进化论中的自然选择和仿真生物遗传学原理提出的仿生随机搜索算法[1-4]。GA 拥有全局并行搜索、简单通用、鲁棒性强等优点，因此被广泛地应用于各个领域，如计算机科学、工程设计、人工智能等[4]。但 GA 也存在着局部搜索能力差的问题[4-5]，特别是对于精度要求较高的问题，往往在快接近最优解时优化效率降低。要想提高 GA 的收敛速度，需要对交叉概率、变异概率等参数进行诸多尝试和调整[4]。

　　PGSA 与 GA 相比，局部搜索能力更为突出，从 PGSA 的搜索方式，可以发现它是以初始生长点为基点主动向周围的可行域进行搜索的。

　　因此为解决 PGSA 受初始生长点影响较大的局限性，提出了基于 GA 的初始生长点选择机制：利用全局搜索能力较强的 GA 作为第一阶段的优化算法，以搜索出相对较好的、落在全局最优解附近的可行解，以最优的可行解作为第二阶段 PGSA 的初始生长点。

　　这种结合的好处是显而易见的：①PGSA 的局部搜索能力突出，能够更快、更准确地得到满足精度要求的最优解。②利用 GA 的全局搜索能力，可以弥补 PGSA 受初始生长点影响较大的缺点。③由于仅需要 GA 提供优秀的初始生长点，没有对其提出非常高的收敛能力要求，因此对参数的设置并不需要过多的尝试和探索，提高了易用性和稳定性。

　　本章算例中，GA 的应用是通过英国谢菲尔德大学的 MATLAB 遗传算法工具箱[6]实现的。

4.1.4　优化效果分析

　　在 4.1.1 节—4.1.3 节中，针对 PGSA 存在的局限性，提出了三种改进机制：形态素浓度计算的精英机制、智能变步长机制、基于 GA 的初始生长点选择机制。其中前两个改进机制，主要是针对较大的生长空间导致优化效率降低及算法缺乏有效的终止机制两个局限性，而基于 GA 的初始生长点选择机制则是希望解决 PGSA 受初始生长点影响较大的局限性。在本节中，将会通过算例研究引入改进机制后 PGSA 的优化效率。

　　1. 改进机制对优化效率及终止机制的影响

　　精英机制与智能变步长机制是相互促进、相互补充的关系，智能变步长机制的提出依赖于精英机制。两个机制对改善 PGSA 的优化效率和终止机制都有所贡献。因此在接下来的算例中，将会对单独使用精英机制及同时使用两个改进机制时的优化效率进行对比。

　　仍然采用 2.2.2 节的数学算例 1：

$$f(x)=x_1^2 + x_2^2$$

　　精度要求为 0.1；$-20 \leqslant x_i \leqslant 20$，$i=1,2$（$401 \times 401$ 的二维空间）。在 2.2.2 节中，已经对该算例进行了 PGSA 的优化效率研究（情况 5—情况 8），现在选取同样的初始生长点，对采用不同改进机制的 PGSA 的优化效率进行检验，如图 4.1—图 4.4 所示，其中 A 线是原始的 PGSA，B 线是采用精英机制的 PGSA，C 线是同时使用精英机制与智能变步长机制的 PGSA。

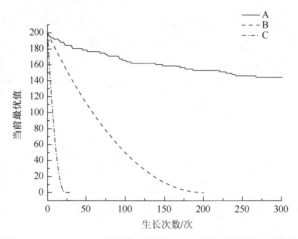

图 4.1　$x_0 = (10,10)$ 时的生长次数与当前最优值的关系曲线

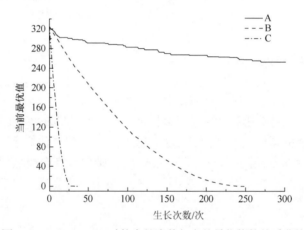

图 4.2　$x_0 = (15,-10)$ 时的生长次数与当前最优值的关系曲线

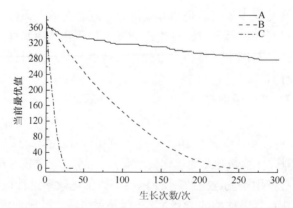

图 4.3　$x_0 = (18,-7)$ 时的生长次数与当前最优值的关系曲线

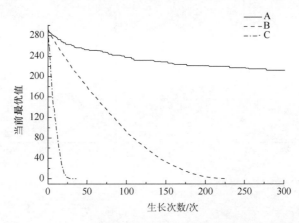

图 4.4　$x_0 = (6,16)$ 时的生长次数与当前最优值的关系曲线

在图 4.1—图 4.4 中，采用精英机制的 PGSA（B 线）与同时采用两个改进机制的 PGSA（C 线）均能在较少的生长次数内得到全局最优解 F_{min}=0，优化效率比无改进的 PGSA（A 线）有较大提高，而且同时采用两个改进机制的 PGSA 表现出更快的收敛速度。因此本节在采用 2.2.2 节的数学算例 2 时，只研究同时采用精英机制和智能变步长机制的 PGSA 的优化效率。

数学算例 2：

$$f(x)=[(x_1^2 - 3)^2 - x_1]+[(x_2^2 - 3)^2 - x_2]$$

表 4.1 为数学算例 2 在不同精度要求时的局部最优解，$-2.5 \leqslant x_i \leqslant 2.5$，$i = 1,2$，其中局部最优解 1 实际上为全局最优解。

表 4.1　不同精度要求时的局部最优解

		精度要求			
		0.1	0.01	0.001	0.000 1
局部最优解	1	(1.8, 1.8)	(1.77, 1.77)	(1.772, 1.772)	(1.772 3, 1.772 3)
	2	(−1.7, 1.8)	(−1.69, 1.77)	(−1.689, 1.772)	(−1.688 8, 1.772 3)
	3	(1.8, −1.7)	(1.77, −1.69)	(1.772, −1.689)	(1.772 3, −1.688 8)
	4	(−1.7, −1.7)	(−1.69, −1.69)	(−1.689, −1.689)	(−1.688 8, −1.688 8)

在 2.2.2 节中，已经对精度要求为 0.1 时 4 个不同初始生长点的 PGSA 优化效率进行了研究（情况 1—情况 4）。在此，对精度要求分别为 0.1、0.01、0.001、0.000 1 时，检验同时采用精英机制和智能变步长机制的 PGSA 的优化效率，如图 4.5—图 4.8 所示。

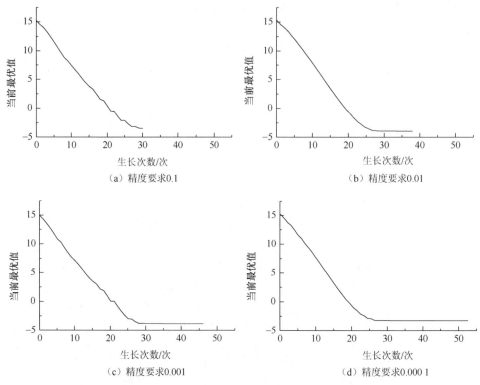

图 4.5　初始生长点为 $x_0 = (0.5, 0.3)$ 时的优化效率

图 4.5 中不同精度下的优化结果如表 4.2 所示。

表 4.2　图 4.5 的优化结果

图号	精度要求	生长次数/次	最优解	最优解性质
图 4.5 (a)	0.1	30	(1.8, 1.8)	全局最优解
图 4.5 (b)	0.01	37	(1.77, 1.77)	全局最优解
图 4.5 (c)	0.001	46	(1.772, 1.772)	全局最优解
图 4.5 (d)	0.000 1	54	(1.772 3, 1.772 3)	全局最优解

图 4.6 中不同精度下的优化结果如表 4.3 所示。

表 4.3　图 4.6 的优化结果

图号	精度要求	生长次数/次	最优解	最优解性质
图 4.6 (a)	0.1	28	(−1.7, 1.8)	局部最优解
图 4.6 (b)	0.01	34	(−1.69, 1.77)	局部最优解

图号	精度要求	生长次数/次	最优解	最优解性质
图 4.6（c）	0.001	39	$(-1.689, 1.772)$	局部最优解
图 4.6（d）	0.000 1	47	$(-1.688\ 8, 1.772\ 3)$	局部最优解

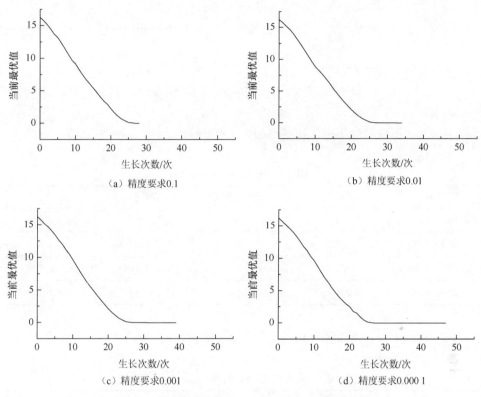

（a）精度要求0.1　　　　　　　　　　（b）精度要求0.01

（c）精度要求0.001　　　　　　　　（d）精度要求0.000 1

图 4.6　初始生长点为 $x_0 = (-0.5, 0.3)$ 时的优化效率

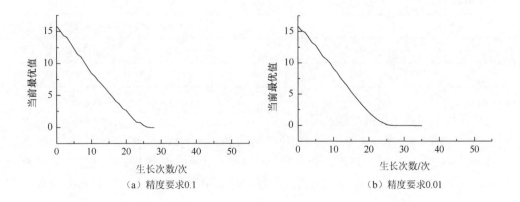

（a）精度要求0.1　　　　　　　　　　（b）精度要求0.01

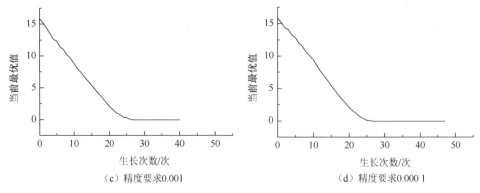

（c）精度要求0.001　　　　　　　　　　　（d）精度要求0.000 1

图 4.7　初始生长点为 $x_0 = (0.5, -0.3)$ 时的优化效率

图 4.7 中不同精度下的优化结果如表 4.4 所示。

表 4.4　图 4.7 的优化结果

图号	精度要求	生长次数/次	最优解	最优解性质
图 4.7（a）	0.1	28	(1.8, −1.7)	局部最优解
图 4.7（b）	0.01	35	(1.77, −1.69)	局部最优解
图 4.7（c）	0.001	40	(1.772, −1.689)	局部最优解
图 4.7（d）	0.000 1	47	(1.772 3, −1.688 8)	局部最优解

图 4.8 中不同精度下的优化结果如表 4.5 所示。

表 4.5　图 4.8 的优化结果

图号	精度要求	生长次数/次	最优解	最优解性质
图 4.8（a）	0.1	26	(−1.7, −1.7)	局部最优解
图 4.8（b）	0.01	34	(−1.69, −1.69)	局部最优解
图 4.8（c）	0.001	36	(−1.689, −1.689)	局部最优解
图 4.8（d）	0.000 1	46	(−1.688 8, −1.688 8)	局部最优解

从以上的两个算例可以发现：

①在图 4.1—图 4.4 中，采用精英机制的 PGSA（B 线）与同时采用两个改进机制的 PGSA（C 线）均能在较少的生长次数内得到全局最优解，优化效率比无改进的 PGSA（A 线）有较大提高，而且同时采用两个改进机制的 PGSA 表现出

更快的收敛速度。在精度要求较高时，优化效率曲线的后段出现了看似平直的线段，其实是因为在步长较小时，当前最优值的变化幅度较小，在图表中并不明显，实际上几乎在每一次的生长过后都能找到更优的值，改进 PGSA 依然具有较高的优化效率。

②在图 4.5—图 4.8，同时采用两个改进机制的 PGSA 相比无改进的 PGSA，在同样的精度要求（0.1）下均能够收敛于相同的局部最优解，但展现出更高的优化效率；而且在提高了精度要求以后，需要的生长次数虽然有所增加，但依然能够收敛于该精度要求下的局部最优解。

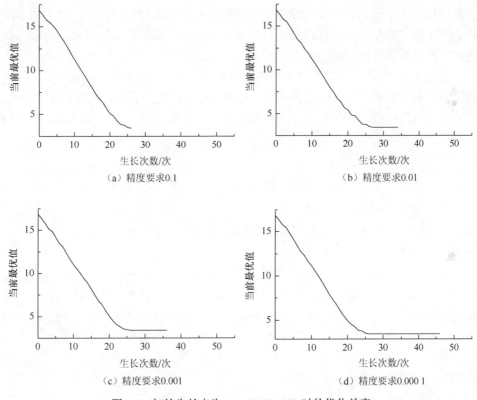

（a）精度要求0.1　　　　　　　　　　（b）精度要求0.01

（c）精度要求0.001　　　　　　　　（d）精度要求0.000 1

图 4.8　初始生长点为 $x_0 = (-0.5, -0.3)$ 时的优化效率

③在两个算例中，同时采用两个改进机制的 PGSA 在收敛于全局最优解（或局部最优解）以后，均能够在较短的时间内停止算法的运行，并没有浪费较多的计算资源。

④在数学算例 2 中，虽然同时采用两个改进机制的 PGSA 的优化效率有明显的提高，但仍会由于初始生长点的选择不当而收敛于局部最优解，没能摆脱 PGSA

依赖初始生长点的局限性。该不足将会通过基于 GA 的初始生长点选择机制进行改进。

综上所述，同时采用两个改进机制的 PGSA 能够表现出比原始的 PGSA 和只采用精英机制的 PGSA 更高的优化效率，而且能够在算法收敛以后及时停止运行，说明精英机制和智能变步长机制的采用有助于解决 PGSA 因存在较大的生长空间导致优化效率降低、算法缺乏有效的终止机制的两个局限性。

2. 改进机制对全局搜索能力的影响

精英机制和智能变步长机制对 PGSA 的优化效率和终止判断的贡献，已经通过算例验证了，但 PGSA 受初始生长点影响较大的局限性仍存在，因此需要采用基于 GA 的初始生长点选择机制，利用 GA 全局搜索能力较强的特点，选择能够收敛于全局最优解的初始生长点。

采用 2.2.2 节数学算例 2 的多峰函数算例，总体可以分为两个阶段进行：①先利用基于 GA 的初始生长点选择机制，选择较好的初始生长点，作为生长的基点；②通过采用精英机制和智能变步长机制的 PGSA 进行优化搜索。其目的是研究同时使用三个机制的 PGSA 的优化效果。

数学算例 2：

$$f(x)=[(x_1^2-3)^2-x_1]+[(x_2^2-3)^2-x_2]$$

精度要求为 0.000 1；其中 $-2.5 \leqslant x_i \leqslant 2.5$，$i=1,2$。从表 4.1 可知全局最优解为 $x_{\min}=(1.772\,3,1.772\,3)$，则全局最优值为 $F_{\min}=-3.504\,8$。

（1）阶段 1

利用 MATLAB 遗传算法工具箱，实行初始生长点选择机制。由于此阶段对 GA 的收敛能力要求较低（仅需提供较好的初始生长点），因此 GA 的参数可以根据变量的数量、可行域的大小和精度要求等，按照一般使用的建议值设置[7]。为不失一般性，算例中进行了 4 次 GA 计算，选择每次的最优解作为初始生长点，分别为 $x_{01}=(1.785\,7,1.785\,7)$，$x_{02}=(1.785\,7,1.706\,3)$，$x_{03}=(1.865\,1,1.865\,1)$，$x_{04}=(1.706\,3,1.547\,6)$。

（2）阶段 2

以阶段 1 得到的最优解作为初始生长点，分别通过采用精英机制和智能变步长机制的 PGSA 进行优化搜索，其优化效率曲线如图 4.9 所示。

阶段 1 的 4 个初始生长点经过阶段 2 的优化搜索后，都能在 30 次生长内得到满足精度要求的全局最优解并且结束算法的运行。表明基于 GA 的初始生长点选择机制能够提高 PGSA 的全局搜索能力，同时配合精英机制与智能变步长机制，能够很好地改善 PGSA 的优化效率。

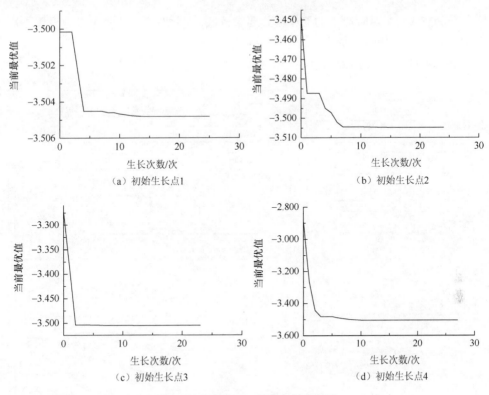

图 4.9　改进 PGSA 的优化效率曲线

4.1.5　算法流程

综合上述三个改进机制，提出一种新的混合算法——改进模拟植物生长—遗传混合算法（PGSA-GA）。PGSA-GA 的基本思路为：①利用 GA 全局搜索能力较强的特点，选择较好的可行解作为初始生长点，以供生长搜索使用。②以 GA 的最优解作为初始生长点，利用改进 PGSA 局部搜索能力较强的特点，做进一步的优化搜索。

作为混合算法，PGSA-GA 具有以下的特点：

①GA 的全局搜索能力较强但局部收敛能力较弱，而 PGSA 会对生长点附近的可行域进行主动搜索寻优，但受初始生长点的影响较明显，全局搜索能力不强。PGSA-GA 在优化初期选择 GA，后期选择改进 PGSA，综合了两种算法的优点，并避免了各自的缺点。

②采用了精英机制和智能变步长机制以后，改进 PGSA 在较大的空间和较高的精度要求时，均能保持较高的优化效率；而且具有良好的终止机制，即在得到最优解以后能够很快作出正确的判断，终止算法的运行，节约了计算资源。

③PGSA-GA 对阶段 1 的 GA 收敛要求较低，因此对 GA 的各个参数设置不需要过多的尝试和探索，提高了算法的易用性。

PGSA-GA 的算法流程如图 4.10 所示。

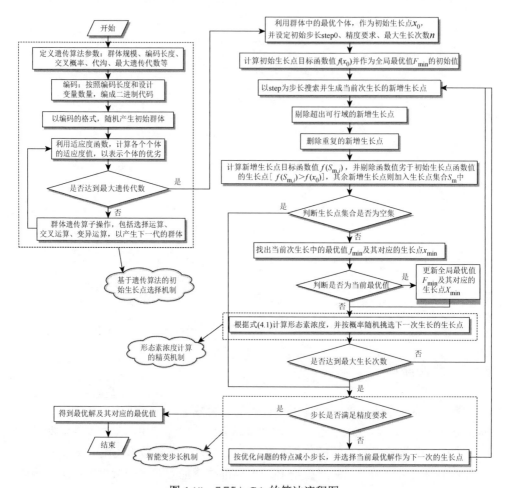

图 4.10　PGSA-GA 的算法流程图

4.2　基于改进模拟植物生长-遗传混合算法的优化模型

根据 PGSA-GA 的特点，采用将 ANSYS 二次开发语言 APDL 与 MATLAB 相结合的方法，其结构优化的计算流程如图 4.11 所示。以弦支穹顶结构的混合变量优化为例，以杆件截面面积和拉索预应力作为设计变量，以结构质量作为目标函数，以结构的最大位移、杆件的最大应力（强度、稳定性）等作为约束条件，通过 PGSA-GA 求解目标函数的最小值。

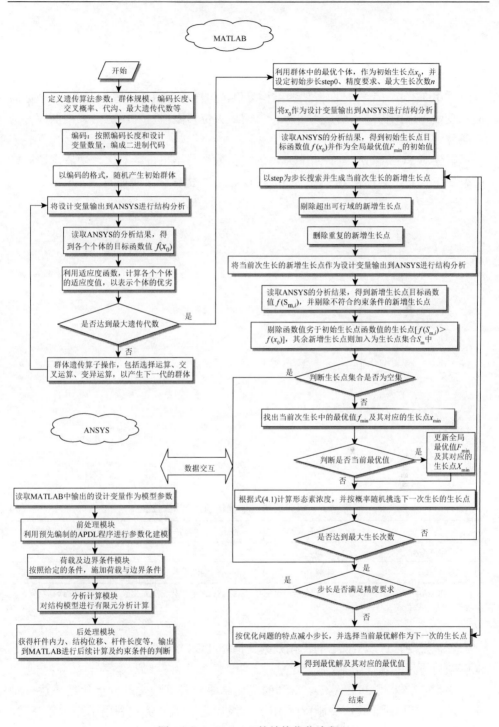

图 4.11 PGSA-GA 的结构优化流程

4.3 桁架结构截面优化设计

采用 3.3 节的十杆平面桁架的结构算例，同样考虑两种荷载工况及 10 个截面面积变量，以结构最小质量为目标，考虑最大位移限值、许用应力、截面库等约束条件。

首先对 PGSA-GA 与原始 PGSA 的优化效率与结果进行对比，两者选用同样的初始生长点，其优化效率曲线如图 4.12 所示，优化结果对比见表 4.6。

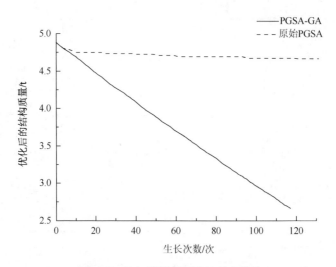

图 4.12   桁架结构优化设计效率曲线

表 4.6   桁架结构质量优化前后结果对比

方法	结构初始质量/t	优化后的结构质量/t	结构质量减少比例/%
PGSA-GA	4.88	2.67	45.29
原始 PGSA	4.88	4.55	6.76

注：PGSA-GA 在经过 117 次生长后触发终止条件。原始 PGSA 的优化结果是生长 1000 次后的计算结果，其在 1000 次生长后仍在继续运行。

可以发现，PGSA-GA 的优化效率比原始 PGSA 更高，在相同的生长次数下能够获得更好的优化结果。

然后，将采用 PGSA-GA 得到的优化结果，与其他文献的优化结果进行对比，如表 4.7 所示。其中文献[8]利用了二级优化法，文献[9]利用了相对差商法，文献[10]—[13]利用了连续变量法。

表 4.7　桁架结构质量优化结果对比

		PGSA-GA	二级优化法	相对差商法	连续变量法			
			文献[8]	文献[9]	文献[10]	文献[11]	文献[12]	文献[13]
截面面积/mm²	杆件 1	16 770	19 710	20 000	15 190	15 670	16 650	15 190
	杆件 2	645	1935	64.5	64.5	64.5	64.5	64.5
	杆件 3	8385	10 320	14 190	16 310	15 090	17 570	16 310
	杆件 4	8385	8385	10 320	9262	8807	10 740	9262
	杆件 5	1935	645	64.5	64.5	64.5	64.5	64.5
	杆件 6	645	1290	64.5	1271	1271	1303	1271
	杆件 7	1935	4193	1935	7992	8172	8237	7992
	杆件 8	14 840	9675	14 840	8264	8091	9172	8264
	杆件 9	12 260	12 260	14 190	13 120	14 170	14 280	13 120
	杆件 10	1290	2580	64.5	64.5	64.5	64.5	64.5
结构质量/t		2.02	2.117	2.245	2.123	2.131	2.298	2.123
结构质量增加比例		—	4.58	10.02	4.85	5.21	12.10	4.85

　　按 PGSA-GA 的优化结果,综合两种荷载工况,杆件的最大许用应力为144N/mm²,最大节点位移为 –50.6mm,均满足约束条件要求。从表 4.7 可以发现,PGSA-GA 的优化结果明显优于文献[8]—[13]的结果。

4.4　网壳结构截面优化设计

　　采用 3.4 节的 K6 型单层球面网壳的结构算例,将网壳杆件分为 9 类,形成 9 个截面面积设计变量,以结构最小质量为目标,考虑容许挠度、容许长细比、杆件强度、压弯杆件稳定性、截面库等约束条件。

　　首先对 PGSA-GA 与原始 PGSA 的优化效率与结果进行对比,两者选用同样的初始生长点,其优化效率曲线如图 4.13 所示,优化结果对比见表 4.8。

表 4.8　K6 型单层球面网壳结构质量优化前后结果对比

方法	结构初始质量/t	优化后的结构质量/t	结构质量减少比例/%
PGSA-GA	136.29	52.47	61.50
原始 PGSA	136.29	82.26	39.64

　　注:PGSA-GA 在经过 190 次生长后触发终止条件。原始 PGSA 的优化结果是生长 1000 次后的计算结果,其在 1000 次生长后仍在继续运行。

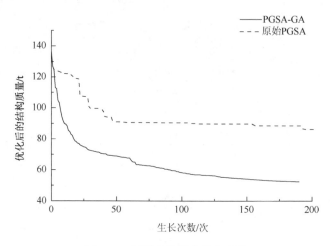

图 4.13　网壳结构优化效率曲线

可以发现，PGSA-GA 的优化效率比原始 PGSA 更高，在相同的生长次数下能够获得更好的优化结果。

PGSA-GA 得到的优化结果如表 4.9 所示。

表 4.9　PGSA-GA 的优化结果

杆件类型	①	②	③	④	⑤	⑥	⑦	⑧	⑨
截面面积/mm²	1378	1144	993	1382	1382	1382	1144	1144	1144

结构质量为 42.906t，与文献[14]中的优化结果对比见表 4.10。文献[14]的优化方法有三种：GA、ANGA、ANSYS 自带的优化方法。

表 4.10　K6 型单层球面网壳结构质量优化结果对比

优化方法	PGSA-GA	GA	ANGA	ANSYS 自带的优化方法
结构质量/t	42.906	46.527	45.099	47.752
结构质量增加比例/%	—	7.78	4.86	10.15

根据 PGSA-GA 的优化结果，压弯杆件最大长细比为 146，最大竖向位移为 34.21mm，按强度验算时最大应力为 139N/mm²，按稳定验算时最大应力为 205N/mm²，均满足约束条件要求。与文献[14]中的其他方法对比，PGSA-GA 优化结果的用钢量明显更少。

4.5　弦支穹顶结构混合变量优化设计

采用 3.5 节的联方型弦支穹顶的结构算例，将上部网壳杆件分为 8 组，共形成 8 个截面面积的离散型设计变量。此外，以下部环向索的拉索预应力作为设计变量，从内到外共有 3 圈，即有 3 个连续型变量。因此本算例中共有 11 个设计变量，其中 8 个为离散型，3 个为连续型。以结构最小质量为目标，考虑容许挠度、容许长细比、杆件强度与稳定性、截面库、拉索预应力容许值等约束条件。

特别地，对于拉索预应力限值，拉索预应力为连续型变量，应定义其上限值和下限值。本算例中拉索预应力的变化范围为 $0.1f_{ptk}A$—$0.4f_{ptk}A$[15]。其中，f_{ptk} 为拉索的极限承载应力，A 为拉索截面面积。上限值和下限值详见表 4.11。

表 4.11　拉索预应力容许值

环向索	截面尺寸	预应力下限/ kN	预应力上限/ kN
内圈	$\phi5\times61$	200	800
中圈	$\phi5\times91$	298	1194
外圈	$\phi5\times121$	397	1587

利用 PGSA-GA 得到的优化结果如表 4.12、表 4.13 所示。

表 4.12　PGSA-GA 离散型变量优化结果

杆件类型	①	②	③	④	⑤	⑥	⑦	⑧
截面面积/mm²	1524	1225	1617	1225	1712	2011	1916	2749

表 4.13　PGSA-GA 连续型变量优化结果

环向索	内圈	中圈	外圈
拉索预应力/ kN	560	948	1468

经过优化后，结构质量为129.06t。

按 PGSA-GA 的优化结果，压弯杆件最大长细比为 147，最大竖向位移为77.39mm，按强度验算时最大应力为168N/mm²（应力比为 0.54），按稳定验算时最大应力为309N/mm²（应力比接近 1.0），均满足规范[15]约束条件要求。

参 考 文 献

[1] 席裕庚，柴天佑，恽为民. 遗传算法综述[J]. 控制理论与应用，1996，13（6）：697-708.

[2] 张晓缋，方浩，戴冠中. 遗传算法的编码机制研究[J]. 信息与控制，1997，26（2）：134-139.

[3] Holland J H. Adaptation in natural and artificial systems[M]. Cambridge：MIT Press，1975.

[4] 边霞，米良. 遗传算法理论及其应用研究进展[J]. 计算机应用研究，2010，27（7）：2425-2429，2434.

[5] 郗莹，马良，戴秋萍. 多目标旅行商问题的模拟植物生长算法求解[J]. 计算机应用研究，2012，29（10）：3733-3735.

[6] 雷英杰，张善文，李续武，等. MATLAB 遗传算法工具箱及应用[M]. 西安：西安电子科技大学出版社，2005.

[7] Goldberg D E. Genetic algorithms in search，optimization and machine learning[M]. Boston：Addison Wesley Longman，Inc.，1989.

[8] 李永梅，张毅刚. 离散变量结构优化的 2 级算法[J]. 北京工业大学学报，2006，32（10）：883-889.

[9] 孙焕纯，柴山，王跃方. 离散变量结构优化设计[M]. 大连：大连理工大学出版社，1995.

[10] Schmit L A，Miura H. An advanced structural analysis/synthesis capability: ACCESS 2[J]. International Journal for Numerical Methods in Engineering，1978，12（2）：353-377.

[11] Schmit L A，Farshi B. Some approximation concepts for structural synthesis[J]. AIAA Journal，1974，12（5）：692-699.

[12] Dobbs M W，Nelson R B. Application of optimality criteria to automated structural design[J]. AIAA Journal，1976，14（10）：1436-1443.

[13] Rizzi P. Optimization of multi-constrained structures based on optimality criteria[C]//Proceedings of AIAA/ASME/SAE 17th Structures，Structural Dynamic and Materials Conference，1976.

[14] 江季松，叶继红. 遗传算法在单层球壳质量优化中的应用[J]. 振动与冲击，2009，28（7）：1-7.

[15] 北京工业大学，中国钢结构协会专家委员会. 预应力钢结构技术规程：CECS 212—2006[S]. 北京：中国计划出版社，2006.

第5章 基于改进模拟植物生长-粒子群 混合算法的结构优化

5.1 改进模拟植物生长-粒子群混合算法

5.1.1 基于粒子群算法的初始生长点优选机制

1. 基本思路及流程

为解决 PGSA 受初始生长点的影响而导致陷入局部最优解的局限性，本章提出了基于粒子群算法的初始生长点优选机制。

粒子群算法（particle swarm optimization，PSO）是一种来源于鸟群觅食的启发式优化算法。1995 年，美国心理学家 Kennedy 和电气工程师 Eberhart 等在对鸟群的觅食过程进行细致的研究后，对该行为进行模型建立、仿真及求解分析，共同提出了粒子群算法[1]。

鸟群的觅食过程可分为以下几个过程，当鸟群在某个区域内寻找食物，鸟群仅知道自己离食物的距离，但不知道食物的具体位置，为了尽快找到食物，鸟群会向着离食物最近的鸟的附近区域进行搜索。在此过程中，鸟群飞行的速度和方向会随着所处的空间位置的变化而改变。最初，鸟群处于一种离散状态，随着觅食行为的进行，鸟群会向着食物的方向逐渐集合，形成一个整体并最终找到食物。

PSO 的算法描述 [2]：设每个粒子为 $\bar{x} = \langle \bar{p}, \bar{v} \rangle = \langle$空间位置，速度向量$\rangle$，$\bar{p}$，$\bar{v} \in S \subset \mathbf{R}^{D}$（$D$维空间），即所有粒子的空间位置和速度向量为 $\bar{p}_i = (p_{i1}, p_{i2}, \cdots, p_{iD})$，$\bar{v}_i = (v_{i1}, v_{i2}, \cdots, v_{iD})$。实现 PSO 的流程如下。

步骤 1（初始化）：随机产生 k 个粒子 $\bar{x}_i = \langle \bar{p}_i, \bar{v}_i \rangle$，$i = 1, 2, \cdots, k$；这 k 个粒子组成了初始粒子群 $X(t) = [\bar{x}_1(t), \bar{x}_2(t), \cdots, \bar{x}_k(t)]$，$\bar{x}_i(t) = \langle \bar{p}_i(t), \bar{v}_i(t) \rangle$；计算每个粒子 i 在当次计算时所经历的历史最优位置（即个体最优位置），记为 $pbest_i(t)$；计算种群直至当前所找到的最优位置（即全局最优位置），记为 $gbest(t)$。

步骤 2：鸟群进行下一次飞行 $t+1$，按式（5.1）、式（5.2）更新粒子的速度和位置，得到下一代粒子群 $X(t)$。

$$v_{id}(t) = wv_{id}(t-1) + c_1\gamma_1\left[pbest_{id}(t-1) - p_{id}(t-1)\right]$$
$$+c_2\gamma_2\left[gbest_{id}(t-1) - p_{id}(t-1)\right] \tag{5.1}$$

$$p_{id}(t) = p_{id}(t-1) + v_{id}(t) \tag{5.2}$$

其中，$v_{id}(t)$ 为粒子飞行更新的速度；w 为惯性权重；γ_1、γ_2 是一个在区间[0，1]内产生的随机数；c_1、c_2 为学习因子，分别体现了粒子亲身体验的学习记忆和借鉴他人的学习动力因素 $p_{id}(t)$ 为粒子飞行更新的位置。在此基础上，重新计算个体最优解 $pbest_i(t)$ 和群体最优解 $gbest(t)$。

步骤 3：判断是否满足算法的终止条件，若满足输出 $gbest(t)$ 停止算法，否则转入步骤 2 继续进行迭代计算。

PSO 由于拥有高鲁棒性、算法规则简单、并行性、收敛速度快等特点，因此被广泛地应用于各个领域，如电力系统[3]、无线电频谱分配[4]、输电网规划[5]等，且可通过调节惯性权重来增强该算法的全局搜索能力。因此当初始种群数多且分散的情况下，设置一个较大的惯性权重，可有效提高该算法的全局搜索能力[6]，但过大的惯性权重 w 使 PSO 的局部搜索能力变差，最终导致其优化精度降低，另外，PGSA 拥有较强的局部搜索能力。因此本章将两者有机结合起来，提出了基于 PSO 的初始生长点优选机制。基于 PSO 的初始生长点优选机制的实现步骤分为两个阶段。第一阶段：首先采用高惯性权重的 PSO 对可行域进行优选，初选出相对较好且落在全局最优解附近的可行解；第二阶段：以第一阶段得到的可行解为第二阶段 PGSA 的初始生长点。

两种算法的结合有以下优点：

①PGSA 拥有较强的局部搜索能力，当初始生长点落在全局最优解的范围内，PGSA 能非常快速、准确地得到全局最优解。

②高惯性权重的 PSO 全局搜索能力强，且算法简便，可快速地为 PGSA 找到较好的初始生长点。

2. 优化效果分析

类似数学算例 2，采用下列多峰函数算例进行分析。

数学算例 4：

$$f(x) = \left[\left(x_1^2 - 3\right)^2 - 3x_1\right] + \left[\left(x_2^2 - 3\right)^2 - 3x_2\right]$$

其中，x_1，x_2 是设计变量，可行域为 $-3 \leqslant x_i \leqslant 3$，$i=1, 2$。目标函数的最小值是优化目标，精度要求为 0.1。

针对该数学算例，引入基于 PSO 的初始生长点优选机制进行优化计算。

（1）阶段 1

先采用高惯性权重的 PSO 对可行域进行求解，选出相对较好的可行解。为不失一般性，现对该多峰函数进行 4 次 PSO 计算，并以每次计算得到的最优解作为下一阶段 PGSA 的初始生长点。应用 MATLAB 编制 PSO，由于 PSO 仅起到初选的作用，所以在编制算法程序时不应定义过多的粒子和觅食的次数，否则会使算法过于烦琐复杂，降低计算效率。本次计算中，在可行域内定义 6 个粒子，觅食次数设定为 5 次，计算得到的 4 个初始生长点分别为：$x_{01} = (1.5, 2.1)$，$x_{02} = (2.5, 1.8)$，$x_{03} = (1.6, 0.9)$，$x_{04} = (1.5, 1.3)$。

（2）阶段 2

以阶段 1 得到的不同最优解分别作为 PGSA 的初始生长点，对该函数进行优化计算，其结果如图 5.1 所示。

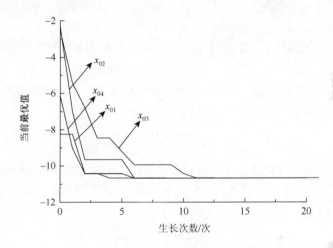

图 5.1　基于 PSO 的初始生长点优选机制的优化结果

由图 5.1 可见，以阶段 1 计算得到的 4 个初始生长点，经过阶段 2 的优化搜索后，均可在 20 次内收敛于满足要求的全局最优解（−10.684 8），说明高惯性权重的 PSO 能够有效提高 PGSA 的全局搜索能力。对比可知，PSO 能快速地找到位于全局最优解范围内的初始生长点（因为粒子的个体和觅食的次数都较少），这为后续的 PGSA 优化搜索提供了极大的便利，显著提高了改进的 PGSA 的计算效率。

5.1.2　基于目标函数优劣值的生长空间优选机制

1. 基本思路及流程

由于 PGSA 采用的是基于概率的生长点选择机制，因此该算法在优化的过程中，不可避免地产生劣质生长点。即使劣质生长点所占的比例较小，一旦其被选中，会导致更多劣质生长点的产生，从而使算法的计算效率降低。

在自然界的生存法则中普遍存在优胜劣汰的竞争机制，如能将该思想引入到PGSA 中，即在 PGSA 的运算过程中，筛选出劣质生长点并将其剔除出生长空间，这样将会显著增大优质生长点被选中的概率，从而提高 PGSA 的优化效率。但如何将上述思想引入到 PGSA 的实现流程中，是一个亟待解决的问题。

对于生长空间的优化，国内学者已做了一些研究工作。文献[7]将云模型理论引入到 PGSA 中，通过云模型运算来提高算法的效率；文献[8]建议生长空间里仅保留以往的 F（人为定义的数字）个最优生长点和当前次生长产生的新的生长点，以此缩小生长空间的范围，从而提高优化效率；文献[9]将启发式交换规则用于寻找新的生长点上。

在前人研究的基础上，本章提出了基于目标函数优劣值的生长空间优选机制。其目的是保留上一次生长后的优质生长点，剔除劣质生长点。该优选机制的实现是通过对式（1.1）进行改进，并以式（5.3）替代原算法中形态素浓度的计算方式。

$$P_{m,i} = \frac{Q(n-1) - f(S_{m,i})}{\sum\limits_{i=1}^{k}\left[Q(n-1) - f(S_{m,i})\right]} \tag{5.3}$$

式中，$Q(n-1)$ 为第 $n-1$ 次生长完成后确定的生长空间参考值；其余各项详见式（1.1）。$Q(n-1)$ 的计算分为两步，先以式（5.4）确定生长空间跨度值，再通过式（5.5）确定生长空间参考值。

$$S(n-1) = f_{max}(n-1) - f_{min}(n-1) \tag{5.4}$$

$$Q(n-1) = f_{max}(n-1) - \lambda S(n-1) \tag{5.5}$$

式（5.4）、式（5.5）中，$f_{max}(n-1)$、$f_{min}(n-1)$ 分别为第 $n-1$ 次生长完成后生长空间内所有生长点目标函数最大值、最小值；$S(n-1)$ 为第 $n-1$ 次生长完成后生长空间内所有生长点目标函数最大值与最小值的差值；λ 为介于 0 到 1 之间的调整系数（即 $\lambda \in [0, 1]$）。当 $\lambda=0$ 时，即为原始的 PGSA；当 $\lambda=1$ 时，相当于每次生长完成后，生长空间内仅保留当前次生长的最优生长点。

显然，λ 的取值在生长空间优选机制中起到重要作用。过小的 λ 值，起不到筛选生长空间的作用；过大的 λ 值，会导致生长空间不足，算法过早收敛，可能得不到全局最优解。因此，在实际的优化计算中，应合理地选取 λ，使之既能保证筛选、剔除劣质生长点，又可让生长空间内存在足够的生长点。

2. 优化效果分析

采用上述数学算例 1，同样考虑 5 组计算样本，以基于目标函数优劣值的生长空间优选机制进行优化计算（系数 λ 取 0.6），得到以下结果。

（1）组 1

初始生长点为 $x_0 = (15, 15)$，第一次生长完成后不加入劣质生长点，以接下来的生长次数 n 为横坐标，目标函数 $f(x)$ 的当前最优值为纵坐标，采用基于目标函数优劣值的生长空间优选机制对其进行优化计算，结果见图 5.2。

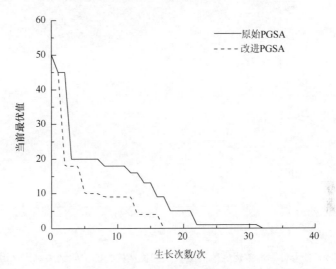

图 5.2　基于目标函数优劣值的生长空间优选机制的优化结果对比（组 1）

（2）组 2

初始生长点为 $x_0 = (15, 15)$，在第一次生长完成后加入 2 个劣质生长点，采用基于目标函数优劣值的生长空间优选机制对其进行优化计算，结果见图 5.3。

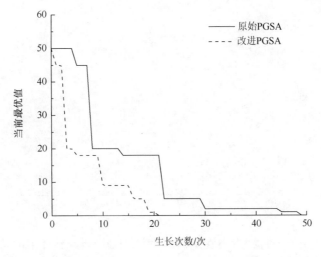

图 5.3　基于目标函数优劣值的生长空间优选机制的优化结果对比（组 2）

（3）组 3

初始生长点为 $x_0 = (15, 15)$，在第一次生长完成后加入 4 个劣质生长点，采用基于目标函数优劣值的生长空间优选机制对其进行优化计算，结果见图 5.4。

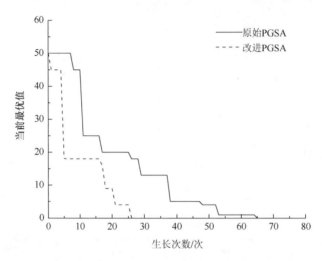

图 5.4　基于目标函数优劣值的生长空间优选机制的优化结果对比（组 3）

（4）组 4

初始生长点为 $x_0 = (15, 15)$，在第一次生长完成后加入 6 个劣质生长点，采用基于目标函数优劣值的生长空间优选机制对其进行优化计算，结果见图 5.5。

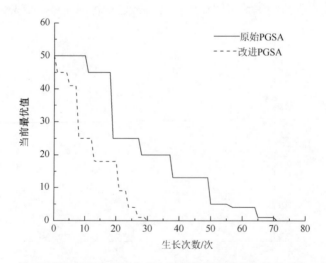

图 5.5　基于目标函数优劣值的生长空间优选机制的优化结果对比（组 4）

（5）组 5

初始生长点为 $x_0 = (15, 15)$，在第一次生长完成后加入 8 个劣质生长点，采用基于目标函数优劣值的生长空间优选机制对其进行优化计算，结果见图 5.6。

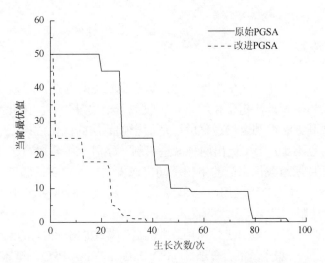

图 5.6　基于目标函数优劣值的生长空间优选机制的优化结果对比（组 5）

在同样得到全局最优解的情况下，原始 PGSA 和改进 PGSA（采用基于目标函数优劣值的生长空间优选机制的 PGSA）所需的生长次数如表 5.1 所示。

表 5.1　生长次数对比

方法	生长次数/次				
	组 1	组 2	组 3	组 4	组 5
原始 PGSA	32	49	65	71	93
改进 PGSA	17	21	26	30	38

从表 5.1 可见，引入基于目标函数优劣值的生长空间优选机制后，PGSA 的收敛速度得到大幅度提升。一般情况下，相比于原始 PGSA，基于目标函数优劣值的生长空间优选机制的 PGSA 在得到最优解时所需的生长次数减少一半以上，充分说明其可起到筛选并剔除劣质生长点的作用。在算法运行过程中，基于目标函数优劣值的生长空间优选机制可缩小生长空间范围，增大优质生长点所占比例，提高植物向光源生长的速度，从而使 PGSA 的优化效率大幅提高。

采用基于目标函数优劣值的生长空间优选机制后，算法后期生长空间较小，特别在算法得到全局最优解后，当调整系数 λ 较大时，不会再出现新的生长点，且每次新的生长会剔除现有生长空间内的生长点，因此在经过几次生长后生长空间将会成为空集，这为算法在得到全局最优解后的终止提供了一个良好的判断条件。

5.1.3　算法流程

PGSA 在优化计算中存在两点不足：劣质生长点的存在，导致 PGSA 的计算效率降低；初始生长点决定优化结果是否收敛于全局最优解。因此随机选择初始生长点将导致其无法得到全局最优解，从而影响算法的优化效果。

针对该两点不足，上文提出两种改进机制，分别为基于 PSO 的初始生长点优选机制和基于目标函数优劣值的生长空间优选机制，并以算例验证了该两种改进机制的可行性。但在实际应用时，单独地使用其中一种改进机制无法全面解决 PGSA 存在的局限性。

基于以上研究成果，综合上述两种改进机制，本节提出一种新的混合算法——改进的模拟植物生长—粒子群混合算法（PGSA-PSO）。PGSA-PSO 的基本思路为：首先利用高惯性权重的 PSO 的全局搜索能力，对可行域空间进行初步筛选，选出落于全局最优解附近的可行解，并将其作为初始生长点，为后续的 PGSA 提供初始值；接下来，以 PSO 得到的最优解作为初始生长点，利用 PGSA 强大的局部搜索能力，采用基于目标函数优劣值的生长空间优选机制，快速且准确地找到满足要求的全局最优解。

作为一种混合智能优化算法，PGSA-PSO 主要具备以下几个特点：

①高惯性权重的 PSO 拥有优秀的全局搜索能力，但局部搜索效率低。PGSA 拥有强大的局部搜索能力，但容易受初始生长点的影响而陷入局部最优解。在 PGSA-PSO 的初期，利用 PSO 的全局搜索能力，找到位于全局最优解附近的可行解，而在算法后期，利用 PGSA 的局部搜索能力，快速地找到满足精度的全局最优解。因此 PGSA-PSO 综合了两种算法的优点，且合理地规避了各自的缺点。

②引入基于目标函数优劣值的生长空间优选机制，可有效地降低 PGSA 运算过程中劣质生长点的比例，为植物向光生长提供一条更加顺畅的途径，提高 PGSA 的优化效率。

③PGSA-PSO 在算法初期对 PSO 的收敛要求低，仅要求 PSO 在可行域范围内初选出全局最优解附近的可行解。因此在 PSO 编程过程中，仅需设置较少的粒子数量和觅食次数，从而提高算法的易用性。

PGSA-PSO 的实现流程如图 5.7 所示。

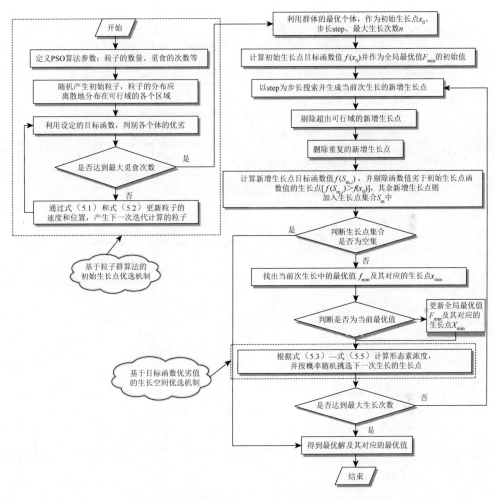

图 5.7　PGSA-PSO 流程图

5.2　基于改进模拟植物生长-粒子群混合算法的优化模型

根据 PGSA-PSO 的特点，采用将 ANSYS 二次开发语言 APDL 与 MATLAB 相结合的方法，其结构优化的计算流程如图 5.8 所示。

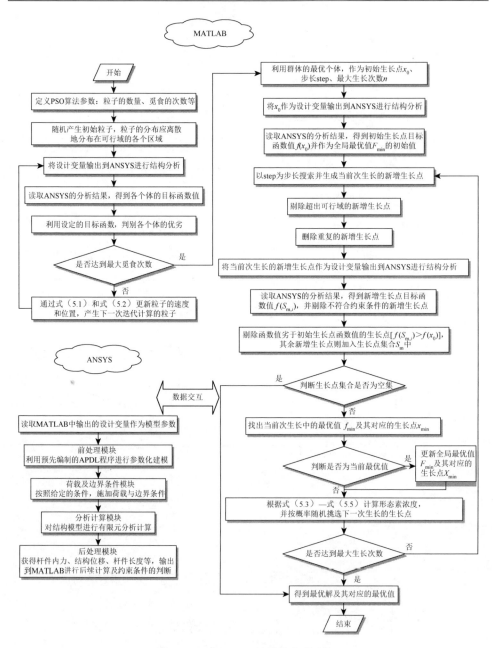

图 5.8   PGSA-PSO 的结构优化流程

5.3   弦支穹顶结构预应力优化设计

某 K8 型弦支穹顶结构如图 5.9 所示。平面投影为圆形，结构跨度 80m，矢高

8m（矢跨比为 1/10），下部设置了 3 圈索杆体系，上构件的材料与规格如表 5.2
所示。

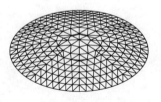 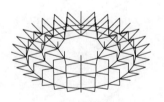 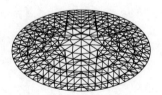

　　（a）上部单层网壳　　　　　　　（b）下部索杆体系　　　　　　　（c）整体轴测图

图 5.9　分析模型

表 5.2　构件的材料与规格

结构部位	构件		材质	规格
上部单层网壳	径向杆件		Q355B	$\phi 203 \times 10$
	斜向杆件		Q355B	$\phi 203 \times 10$
	1—2 圈环向杆件		Q355B	$\phi 194 \times 6$
	其余环向杆件		Q355B	$\phi 180 \times 6$
下部索杆体系	撑杆		Q355B	$\phi 168 \times 8$
	环向索	内圈	1670 级	$\phi 5 \times 61$
		中圈	1670 级	$\phi 5 \times 91$
		外圈	1670 级	$\phi 5 \times 121$
	径向索	内圈	1670 级	$\phi 5 \times 55$
		中圈	1670 级	$\phi 5 \times 55$
		外圈	1670 级	$\phi 5 \times 55$

　　上部单层网壳节点刚接，下部各圈撑杆由内到外的高度分别为 4.9m、5.7m、
6.6m，其布置方式为隔圈隔节点布置，下部索杆体系采用凯威特型，共布置了 3
圈稀索体系。网壳杆件和撑杆材料弹性模量为 $2.06 \times 10^5 \text{N/mm}^2$，拉索弹性模量取
$1.95 \times 10^5 \text{N/mm}^2$，极限抗拉强度为 1670N/mm^2。参照文献[10]的设置，屋面永久
荷载标准值取 1kN/m^2，活荷载标准值取 0.3kN/m^2，以等效节点荷载的形式作用于
上部网壳。与外圈径向索布置相对应的边界条件为周边固定铰支座，对模型中的
典型构件和关键节点进行编号，如图 5.10 所示。
　　计算过程中，采用环向索张拉方案，根据预应力大小的差异，将环向索分为
3 种类型（分别为 Hs1、Hs2、Hs3），根据支座水平径向反力的差异，将支座分为
3 种类型（分别为 ZZ1、ZZ2 和 ZZ3），如图 5.11 所示。

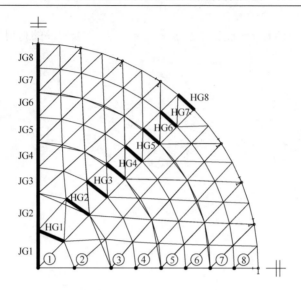

图 5.10 杆件和节点编号（1/4 结构）

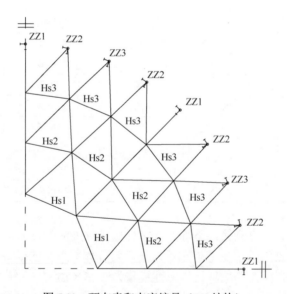

图 5.11 环向索和支座编号（1/4 结构）

弦支穹顶结构下部共有三圈索杆体系，以环向索的预应力为设计变量，根据平衡状态下环向索预应力大小的差异，将环向索分为 3 组（图 5.11），因此设计变量为 3 个。

以所有支座的水平径向反力绝对值最小为目标函数，即

$$s_{min} = \max \{|s_1|, \cdots, |s_i|, \cdots, |s_n|\} \tag{5.6}$$

式中，s_{min} 为优化目标值；s_1 为支座 1 的水平径向反力；s_i 为支座 i 的水平径向反力（支座编号见图 5.11）。

考虑容许挠度、容许长细比、杆件强度与稳定性、截面库、拉索预应力容许值等约束条件。其中，拉索的预应力容许值为拉索在各个工况下的最大应力，不超过 668N/mm^2（材料的分项系数取 2.5）。

弦支穹顶结构的预应力优化设计过程中，对 PGSA-PSO 的优化进程进行跟踪分析，结果见图 5.12。

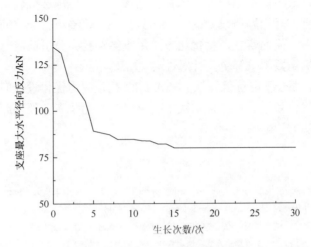

图 5.12　弦支穹顶结构优化进程

由图 5.12 可见，PGSA-PSO 经过 15 次的生长后，当前最优值趋向于定值 80kN。在此之后，生长求得的最优解不再变化，在经过少次的生长后，生长空间不再产生新的生长点且逐渐变为空集。

在此基础上，分别采用弹性支座法、ANSYS 自带的优化方法、PSO 和原始 PGSA 对该模型进行找力及优化分析，并将所得结果与本章的 PGSA-PSO 进行对比，结果见表 5.3。

表 5.3　优化结果对比

方法	弹性支座法	ANSYS 自带的优化方法	PSO	原始 PGSA	PGSA-PSO
生长次数/次	—	—	—	200	15
支座最大水平径向反力/kN	138	101	96	94	80
增大幅度/%	72.5	26.3	20.0	17.5	—

由表 5.3 可见，在满足各种约束条件的情况下，相比于原始 PGSA 的优化结果，PGSA-PSO 的优化效果更好，所得结果更接近优化目标，且所需的生长次数更少，优化效率更高，由此表明本文提出的改进机制可有效提高 PGSA 的优化性能。此外，PGSA-PSO 的优化效果明显优于其他优化方法（ANSYS 自带的优化方法、PSO），进一步验证了该方法在实际优化问题中的适用性。

对找力分析方法（弹性支座法）和优化方法（PSO、原始 PGSA、PGSA-PSO 等）的原理进行对比后发现，找力分析方法是结构在某工况或预应力水平下的预应力确定方法，其不能根据所设立的目标函数有针对性地选取较优预应力值；而优化方法是根据实际问题所设置的目标函数，在大范围可行域空间内寻找满足目标函数的较优解。简而言之，将优化方法用于结构找力分析问题时，如算法设置合理，则对目标函数的求解更具针对性。

综上所述，混合智能优化算法 PGSA-PSO 在预应力优化设计问题上具有良好的求解效率和优化效果。在工程实践中，该算法可为弦支穹顶预应力优化设计研究提供新的解决方法。

参 考 文 献

[1] Eberhart R，Kennedy J. A new optimizer using particle swarm theory[C]//Proceedings of 6th International Symposium on Micro Machine and Human Science，1995：39-43.

[2] 黄平. 粒子群算法改进及其在电力系统的应用[D]. 广州：华南理工大学，2012.

[3] 包广清，毛开宣. 改进粒子群算法及其在风电系统中的应用[J]. 控制工程，2013，20（2）：262-266，271.

[4] 丁颖. 量子粒子群算法的改进及其在认知无线电频谱分配中的应用[D]. 南京：南京邮电大学，2013.

[5] 金义雄，程浩忠，严健勇，等. 改进粒子群算法及其在输电网规划中的应用[J]. 中国电机工程学报，2005，25（4）：46-50.

[6] 张志宇，白云霞. 粒子群算法不同惯性权重之间的比较[J]. 淮海工学院学报（自然科学版），2016，25（1）：1-6.

[7] 张光卫，康建初，李鹤松，等. 基于云模型的全局最优化算法[J]. 北京航空航天大学学报，2007，33（4）：486-490.

[8] 刘波，包兴，李焱. 基于改进模拟植物生长算法的机组检修计划优化[J]. 电力科学与工程，2011，27（5）：20-24.

[9] 陈小培. 弦支穹顶结构的稳定性能研究及工程应用[D]. 哈尔滨：哈尔滨工业大学，2007.

[10] 郭佳民. 弦支穹顶结构的理论分析与试验研究[D]. 杭州：浙江大学，2008.

第6章 基于混合改进机制的模拟植物生长算法的结构优化

6.1 基于混合改进机制的模拟植物生长算法

6.1.1 改进生长点淘汰机制

1. 基本思路

PGSA 在生长过程中，生长点集合会不断扩大直至没有新生长点出现为止，另外，因 PGSA 仅把目标函数值低于初始生长点的无效生长点淘汰，会导致生长点集合中存在一些目标函数值虽略优于初始生长点，但属于劣质的生长点，且随着生长次数的增加，劣质生长点所占比例会越来越高[1-3]。因此，生长点的劣化和生长空间的扩大会造成 PGSA 的优化效率在生长过程中变得越来越低下。

文献[4]—[5]针对生长空间过大导致 PGSA 优化效率下降的问题，提出了形态素浓度计算的精英机制，但同时也指出精英机制可能会过于激进，使算法失去随机概率的优势。为解决生长点劣化和较大生长空间引起的优化效率下降问题，同时避免 PGSA 失去随机概率的优势，本章提出改进生长点淘汰机制。

改进生长点淘汰机制的基本思路如下：一方面，将随机数所选中的生长点作为下一次生长过程的实际生长点，同时将生长点集合中生长概率（形态素浓度）低于此点的生长点淘汰，这样既保留了优质生长点，也可避免生长空间过大；另一方面，在下一次生长迭代过程中，通过对原本的形态素浓度计算公式进行改进，提出了下式，用于计算第 n 次生长后、仍未被淘汰的优质生长点的形态素浓度：

$$P_{\mathrm{m},i} = \frac{f(x_{n-1}^{*}) - f(S_{\mathrm{m},i})}{\sum_{i=1}^{k}[f(x_{n-1}^{*}) - f(S_{\mathrm{m},i})]} \qquad (6.1)$$

此式将原来的形态素浓度计算公式（1.1）中的 $f(x_0)$ 替换为 $f(x_{n-1}^{*})$，其余各项保持不变。其中式（1.1）中的 $f(x_0)$ 为初始生长点对应函数值，式（6.1）中的 $f(x_{n-1}^{*})$ 为上一次（即 $n-1$ 次）生长过程中所选生长点对应的函数值。改用此式后能有效提高优质生长点被选中的概率。

2. 算法流程

以 X 为设计变量，其可行域均为 $\mathbf{R}^n$，目标函数为 $f(x)$，精度要求为 $\mathrm{d}x$，则采用改进生长点淘汰机制后的 PGSA 计算流程可表示为图 6.1，图中虚线框内为改进部分。

根据图 6.1 的算法计算流程，改进生长点淘汰机制的优点如下。

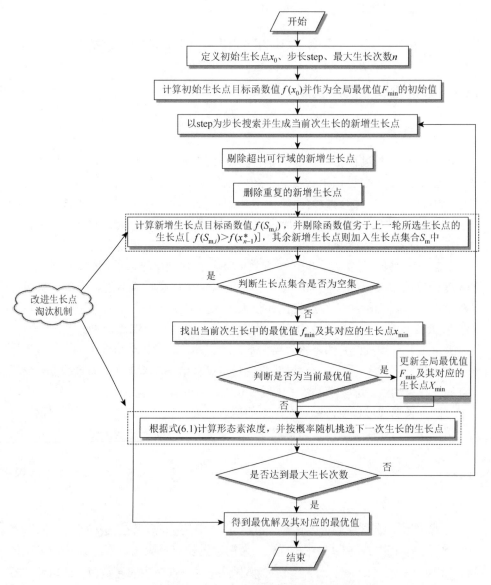

图 6.1　采用改进生长点淘汰机制的 PGSA 计算流程图

①在保留 PGSA 随机概率的优势前提下,可有效淘汰掉每次生长过程中产生的劣质生长点,缩小生长空间,提高优质生长点被选中的概率,从而使得算法的优化效率得到提升。

②同时,随着生长点集合中的生长点被不断淘汰,新生长点不出现更优值且集合变为空集时,意味着当前所选中的生长点即为所求最优解,当前最优值为优化问题相应的最优值,从而也为 PGSA 提供了一种新的有效终止机制。

3. 优化效果分析

根据数学算例 3,对比原始 PGSA 和基于改进生长点淘汰机制的 PGSA 的优化效率。

现选取同样的四个初始生长点,即 $x_{01} = (9, -7)$、$x_{02} = (-11, 9)$、$x_{03} = (-11, -7)$ 和 $x_{04} = (9, 9)$,对应的初始函数值分别为 $f(x_{01}) = 225$、$f(x_{02}) = 113$、$f(x_{03}) = 145$ 和 $f(x_{04}) = 193$。计算结果对比如图 6.2 所示。

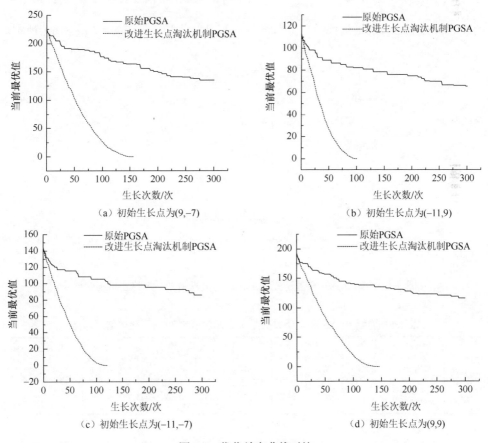

图 6.2　优化效率曲线对比

由图 6.2 可知：采用改进生长点淘汰机制后的 PGSA，选择不同的初始生长点均能经过较少的生长次数便搜索到所求函数的理论最优值 $F_{\min}=0$，同时能在搜索到理论最优值后很快终止计算；相比之下，原始 PGSA 即使经过了 1000 次生长后（图中仅提取前 300 次结果）也未能搜索到函数最优值，且当前最优值与理论最优值仍相差较远。由此可见，改进生长点淘汰机制可显著提高算法的优化效率，并获得理想的优化效果。

下面进一步验证改进生长点淘汰机制作为一种新的 PGSA 终止机制的有效性。以文献[6]中的算例为例。

数学算例 5：

$$\min \sum_{i=1}^{3} \left(x_i^4 - 4.9 x_i^2 \right)$$

其中，x_1, x_2, x_3 为设计变量，$\left| x_i \right| \leqslant 5$，$i=1,2,3$。可生长空间为 $11 \times 11 \times 11$ 的三维空间，优化目标为求函数 $f(\overline{x}) = \sum_{i=1}^{3} \left(x_i^4 - 4.9 x_i^2 \right)$ 的最小值，精度要求为 1。选取 (3, 3, 3) 作为初始生长点，理论最优函数值为 $F_{\min} = -11.7$。计算结果如图 6.3 及表 6.1 所示。

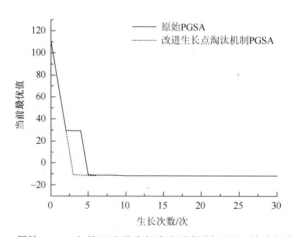

图 6.3　原始 PGSA 和基于改进生长点淘汰机制 PGSA 终止机制对比

表 6.1　原始 PGSA 和基于改进生长点淘汰机制 PGSA 优化结果对比

生长次数		0	1	2	3	4	5	6	7–8	9	10–336
每一阶段最优值	原始 PGSA	110.7	70.2	29.7	29.4	29.4	−10.8	−11.1	−11.1	−11.4	−11.7
	改进生长点淘汰机制 PGSA	110.7	70.2	29.7	−10.8	−11.1	−11.4	−11.7			

由计算结果可知：原始 PGSA 在第 10 次生长后搜索到最优函数解 $F_{\min} =$

−11.7，但直到第 336 次生长后才终止算法运行；而采用改进生长点淘汰机制，算法能在第 6 次生长后即搜索到最优值，且算法立即终止计算。由此反映了改进生长点淘汰机制作为一种新的算法终止机制是非常有效的。

6.1.2　高效混合改进机制

1. 基本思路

计算精度高低也是影响算法优化效率的重要因素之一。对于 PGSA 而言，计算精度往往已经确定了其相应的生长步长，而生长步长大小也直接影响到生长空间的大小。以数学算例 3 为例，以 x_1, x_2 为设计变量，其可行域为[−15,15]，当精度要求为 1 时，PGSA 的生长空间为 31×31 的二维空间；当精度要求为 0.1 时，生长空间增加为 301×301 的二维空间；当精度要求为 0.01 时，生长空间增加为 3001×3001 的二维空间。可见，随着精度的逐级提高，PGSA 生长空间是以接近 10^n 倍数快速增长（n 为设计变量个数），当 n 过大或者精度级别过高时，生长空间将变得巨大，势必使其优化效率明显下降。

因此，为适应大型复杂优化问题和高精度优化需求，本章受二分法思想的启发，进一步提出了一种高效的混合改进机制：首先确定一个较大的初始步长 step，在该初始步长下 PGSA 的生长空间不至于太大，然后采用上节提出的改进生长点淘汰机制搜索当前步长精度下的最优解，当此步长下的生长点集合变为空集后，以所求得的当前最优解作为下一次的实际生长点，并逐步缩小生长步长，求得每级生长步长下的最优值，直到生长步长不大于精度要求而终止算法，即可得到优化问题的最优解。这样在保证精度的基础上，可在优化计算过程中显著减小生长空间，以提高优化效率。

2. 算法流程

以 X 为设计变量，其可行域均为 $\mathbf{R}^n$，目标函数为 $f(x)$，精度要求为 dx，采用高效混合改进机制的 PGSA，其计算流程可表示为图 6.4，图中虚线框表示其在改进生长点淘汰机制基础上的变化部分。

3. 优化效果分析

数学算例 6：

$$f(x)=(x_1 + 3.463)^2 + (x_2 - 2.587)^2$$

其中，x_1, x_2 为设计变量，$-15 \leqslant x_i \leqslant 15$，$i = 1,2$。优化目标为求函数 $f(x)=(x_1 + 3.463)^2 + (x_2 - 2.587)^2$ 的最小值，精度要求分别为 0.1、0.01 和 0.001。显然，在本算例中，不同精度要求下的理论最优解分别为：$x_{\min 1} = (-3.5, 2.6)$，$x_{\min 2} = (-3.46, 2.59)$

和 $x_{\min 3} = (-3.463, 2.587)$ ，其相应的理论最优值分别为 $f(x_{\min 1})=1.538\times10^{-3}$ ，$f(x_{\min 2})=1.8\times10^{-5}$ 和 $f(x_{\min 3})=0$ 。

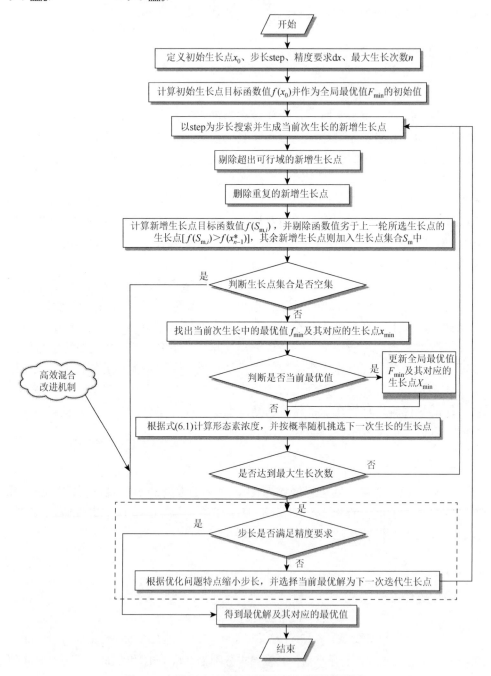

图 6.4　高效混合改进机制的 PGSA 计算流程图

　　选取初始生长点为 $x_0 = (-11,9)$，对应的初始函数值为 97.932 9。图 6.5 表示计算精度为 0.1, 0.01 和 0.001 时各算法优化效果的对比，A 线表示采用原始 PGSA，B 线表示采用改进生长点淘汰机制的 PGSA，C 线表示采用高效混合改进机制 PGSA，初始步长设为 1，其后变步长时缩小为当前步长的 1/10。

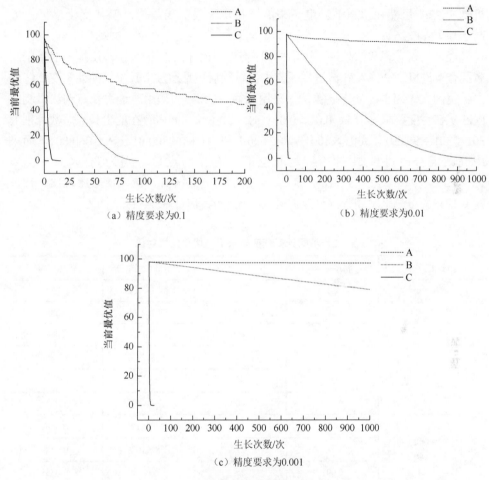

图 6.5　不同精度下各优化机制的对比

　　根据图 6.5（a）—（c）及表 6.2 的对比可得出以下结论：

　　①随着精度要求的提高，三种算法表现出不同程度的优化效率下降趋势：原始 PGSA 三种精度下均未能求得理论最优值，且随着精度的提高其优化率呈显著下降趋势；采用改进生长点淘汰机制后 PGSA 前两种精度要求下均能求得理论最优值，但所需生长次数随精度要求提高而增多，而第三种精度要求下未能

在 1000 次生长内寻得理论最优值；采用高效混合改进机制后 PGSA 均能在三种精度要求下寻得最优函数值，而所需生长次数仅略有增加，从而表现出非常高效的搜索能力。

②在三种精度要求下，三种算法优化效率均体现为：原始 PGSA＜仅采用改进生长点淘汰机制 PGSA＜高效混合改进机制 PGSA。仅采用改进生长点淘汰机制 PGSA 虽然在 0.001 精度下未能寻得实际最优函数值，但其优化率仍远远高于原始 PGSA。

经分析可发现算法效率不同的原因关键在于生长空间的大小，所提出的基于高效混合改进机制 PGSA 在改进生长点淘汰机制后更是通过生长步长的调整变化，使生长空间大大缩小。如上述算例，采用原始 PGSA 和采用改进生长点淘汰机制的 PGSA 在精度要求为 0.1、0.01、0.001 时，其生长空间内存在的生长点总数分别为 $301 \times 301 = 90\,601$、$3001 \times 3001 = 900\,600\,1$ 和 $300\,01 \times 300\,01 = 900\,060\,001$，而采用高效混合改进机制 PGSA 生长空间内存在的点数分别为 $31 \times 31 + 18 \times 18 = 1285$、$31 \times 31 + 18 \times 18 + 18 \times 18 = 1609$ 和 $31 \times 31 + 18 \times 18 + 18 \times 18 + 18 \times 18 = 1933$。可见采用高效混合改进机制能极大地缩小 PGSA 生长空间。

表 6.2　不同计算精度要求下的优化结果对比

选用方法	精度要求	生长次数/次	所得最优函数值	优化率/%
原始 PGSA	0.1	200	44.741 14	54.31
	0.01	1000	89.902 74	8.20
	0.001	1000	97.121 79	0.83
采用改进生长点淘汰机制后的 PGSA	0.1	94	1.538×10^{-3}	100.00
	0.01	987	1.8×10^{-5}	100.00
	0.001	1000	79.007	19.33
采用高效混合改进机制的 PGSA	0.1	16	1.538×10^{-3}	100.00
	0.01	21	1.8×10^{-5}	100.00
	0.001	25	0	100.00

注：优化率 =（初始函数值−所用优化方法的计算最优值）/初始函数值，优化率越高表示优化效果越好。

6.2　基于混合改进机制的模拟植物生长算法的优化模型

根据基于混合改进机制的 PGSA 的特点，采用将 ANSYS 二次开发语言 APDL 与 MATLAB 相结合的方法，其结构优化的计算流程如图 6.6 所示。

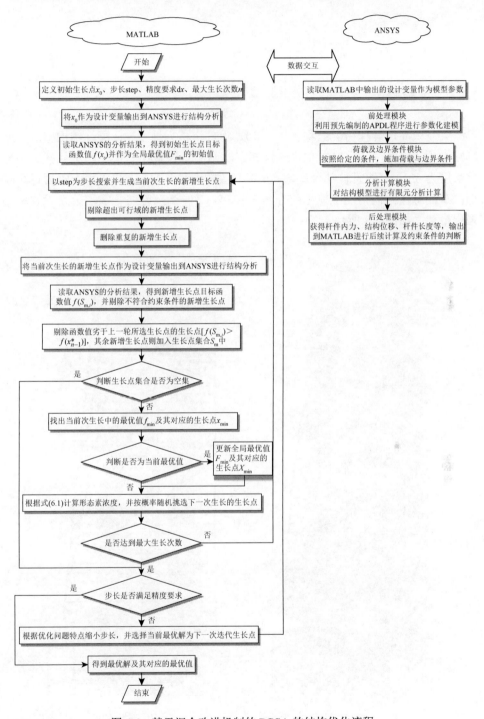

图 6.6　基于混合改进机制的 PGSA 的结构优化流程

6.3　高层悬挂桁架结构截面优化设计

6.3.1　结构概况

　　某复杂高层悬挂桁架结构（图 6.7），上部塔楼为地上 46 层，结构层总高度 215m，总建筑面积为 124 401.4m²，其东西两侧均为悬挂结构。西侧悬挂结构悬挑长度为 6m，东侧悬挂部分底部（6 层）悬挑长度为 15m，自下而上跨度逐渐减小；东侧悬挂结构为图中黑色部分，在 6—7、24—26 和 33—35 层分别设置了加强层桁架，如图 6.8 所示。

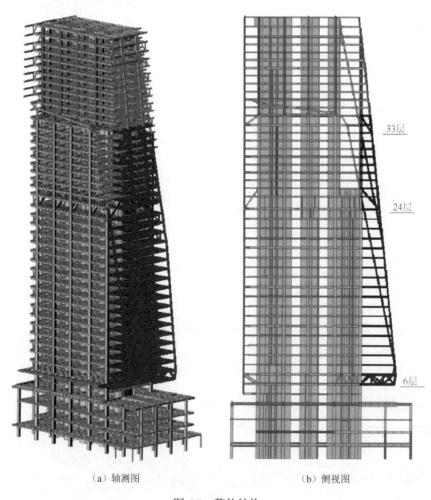

（a）轴测图　　　　　　　　　　　　（b）侧视图

图 6.7　整体结构

（a）6—7层桁架　　　　　　　（b）24—26层桁架　　　　　　　（c）33—35层桁架

图 6.8　桁架示意图

现以东侧悬挂结构（悬挑 15m）为例，以此作为基于混合改进机制的 PGSA 的优化对象进行截面优化设计。其与主体结构连接部位用固定铰支座代替，所受荷载：永久荷载标准值取 4.5kN/m²，活荷载标准值取 2.5kN/m²。结构材料具体参数如表 6.3 所示。

表 6.3　材料参数

构件	材料	密度 ρ /(kg/m³)	弹性模量 E/(N/mm²)	泊松比 ν
桁架构件、吊柱、钢梁	Q355B	7.85×10^3	2.06×10^5	0.3

6.3.2　优化难点分析

本算例中，悬挂结构的杆件数量多，构件受力情况较为复杂，可分为受弯构件、拉弯构件和压弯构件等，不同类型构件具有不同的强度、稳定性等方面的验算方法。同时，为进一步提高优化效果，充分利用材料性能，应根据构件在高层悬挂结构中所处的具体位置（梁、柱等）来确定其所采用的截面，如仅承受竖向荷载的梁采用 H 型钢截面。而不同的截面所对应的截面参数计算方法、截面塑形发展系数、受压构件的截面分类，梁整体稳定系数等都有所不同。

为此，结合工程实际，钢梁等受弯构件取用 H 型钢截面，而桁架构件、吊柱等拉弯、压弯构件取用箱型截面，以便于截面优化设计分类。

6.3.3　优化模型

1. 设计变量

设计变量应根据构件所在位置及截面类型等因素来选定，共分为以下 9 类，详见表 6.4。

表 6.4　杆件分组

分类编号	描述	截面形式	分类编号	描述	截面形式
①	33—35 层桁架构件	箱型截面	⑥	7—15 层吊柱	箱型截面
②	24—26 层桁架构件	箱型截面	⑦	26—35 层钢梁	H 型钢截面
③	6—7 层桁架构件	箱型截面	⑧	16—25 层钢梁	H 型钢截面
④	26—32 层吊柱	箱型截面	⑨	6—15 层钢梁	H 型钢截面
⑤	16—23 层吊柱	箱型截面			

将悬挂部分构件分为 9 类后，如图 6.9 所示。

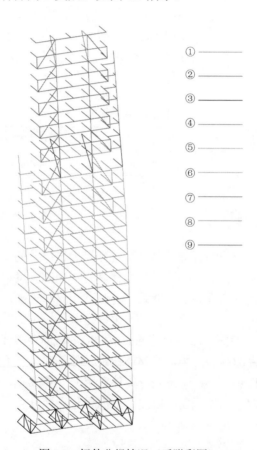

图 6.9　杆件分组情况（后附彩图）

2. 目标函数

本算例以结构总用钢量最小为目标，其数学模型为

$$W_{\min} = \sum_{i=1}^{n} \rho_i A_i l_i$$

式中，n 为悬挂部分构件总数量，由 ANSYS 输出数据。i 为构件相应编号。ρ_i 为构件材料密度，A_i 为构件截面面积，均在 MATLAB 中定义。l_i 为构件实际长度，也由 ANSYS 输出数据。

3. 约束条件

约束条件可分为两大类，一类是设计变量本身的取值范围，另一类是由设计变量经过有限元分析后得到的结果参数应满足的取值范围。

（1）设计变量本身的取值范围

在本算例中，设计变量为截面规格，是离散型变量，应在常用截面中选取。共选取 16 个箱型截面作为设计变量①—⑥的取值范围，选取 16 个 H 型钢截面作为设计变量⑦—⑨的取值范围，如表 6.5 所示。

表 6.5　许用截面库

编号	截面形式	尺寸/mm	面积/cm²	编号	截面形式	尺寸/mm	面积/cm²
1	箱型截面	800×800×50	1500	17	H 型钢截面	594×302×14×23	217.10
2	箱型截面	700×700×50	1300	18	H 型钢截面	588×300×12×20	187.20
3	箱型截面	800×800×40	1216	19	H 型钢截面	650×300×11×17	171.20
4	箱型截面	600×600×50	1100	20	H 型钢截面	550×300×11×18	166.00
5	箱型截面	700×700×40	1056	21	H 型钢截面	488×300×11×18	159.20
6	箱型截面	500×500×50	900	22	H 型钢截面	440×300×11×18	153.90
7	箱型截面	600×600×40	896	23	H 型钢截面	600×200×11×17	131.70
8	箱型截面	500×500×40	736	24	H 型钢截面	550×200×10×16	117.30
9	箱型截面	600×600×30	684	25	H 型钢截面	500×200×10×16	112.30
10	箱型截面	400×400×40	576	26	H 型钢截面	450×200×9×14	95.43
11	箱型截面	500×500×30	564	27	H 型钢截面	400×200×8×13	83.37
12	箱型截面	400×400×30	444	28	H 型钢截面	400×150×8×13	70.37
13	箱型截面	300×300×30	324	29	H 型钢截面	350×175×7×11	62.91
14	箱型截面	400×400×20	304	30	H 型钢截面	300×150×6.5×9	46.78
15	箱型截面	300×300×20	224	31	H 型钢截面	250×125×6×9	36.96
16	箱型截面	200×200×10	76	32	H 型钢截面	200×100×5.5×8	26.66

（2）由设计变量经过有限元分析后得到的结果参数应满足的取值范围

由设计变量经过有限元分析后得到的结果参数应满足的取值范围，包括容许挠度、容许长细比、构件强度容许应力值、构件稳定容许应力值等取值范围，根据《钢结构设计标准》（GB 50017—2017）进行验算。

6.3.4　优化结果

按照 6.2 节所示结构优化流程，采用基于混合改进机制的 PGSA 对高层悬挂结构进行截面优化设计。以实际工程原设计为初始生长点，如表 6.6 所示。

表 6.6　悬挂结构截面优化设计初始生长点的选择

杆件类型	①	②	③	④	⑤	⑥	⑦	⑧	⑨
截面编号	1	2	2	2	7	8	18	21	21
初始值	1123.69t								

采用基于混合改进机制的 PGSA，优化算法在第 76 次生长后终止，所得优化结果如表 6.7 所示。

表 6.7　悬挂结构优化设计结果

杆件类型	①	②	③	④	⑤	⑥	⑦	⑧	⑨
截面编号	1	15	2	15	9	8	18	21	21
最优值	941.75t								

在优化后，最大压弯构件和拉弯构件的最大长细比均为 58.62，受弯构件最大抗剪强度为 43.66N/mm^2，受弯、压弯、拉弯构件按强度验算时最大强度为 264.21N/mm^2，所有构件最大稳定强度为 215.61N/mm^2，均能满约束条件要求。

对基于混合改进机制的 PGSA 的优化进程进行跟踪分析，并与原始 PGSA 对比，如图 6.10 所示。

由图 6.10 可知，悬挂结构截面优化设计问题采用基于混合改进机制的 PGSA 后表现出比原始 PGSA 更显著的优化效率，能在较少的生长次数后搜索到更优的结果，同时也能及时终止算法运行。

另外，为更好地体现基于混合改进机制的 PGSA 的优化效果，也采用 ANSYS 自带的优化方法来对悬挂结构进行优化设计，三者的优化效果对比如表 6.8 所示。

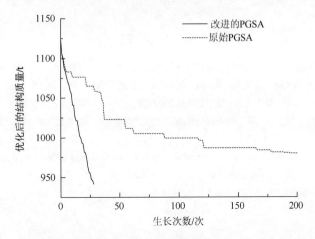

图 6.10　原始 PGSA 与基于混合改进机制的 PGSA 截面优化设计对比

表 6.8　高层悬挂结构质量优化结果对比

		原设计	混合改进机制 PGSA	原始 PGSA	ANSYS 自带的优化方法
	杆件类型①	1	1	1	1
	杆件类型②	2	15	9	4
	杆件类型③	2	2	2	8
	杆件类型④	2	15	13	4
截面编号	杆件类型⑤	7	9	9	10
	杆件类型⑥	8	8	8	9
	杆件类型⑦	18	18	18	18
	杆件类型⑧	21	21	21	21
	杆件类型⑨	21	21	21	21
结构质量/t		1123.69	941.75	980.02	955.72
优化率/%		—	16.19	12.79	14.95

注：优化率 =(未优化结构质量−所用优化方法结构质量)/未优化结构质量。
优化率越高表示优化效果越好。

　　根据表 6.8，基于混合改进机制的 PGSA、原始 PGSA、ANSYS 自带的优化方法的优化结果分别为 941.75t、980.02t 和 955.72t，分别节约用钢量 16.19%、12.79%和 14.95%。结合图 6.10 可知，基于混合改进机制的 PGSA 在用于结构优化时，优化效率显著高于原始 PGSA，且优化效果好于原始 PGSA 和 ANSYS 自带的优化方法。

参 考 文 献

[1]　吕俊锋. 基于改进 PGSA 的高层悬挂结构优化设计方法及施工模拟分析[D]. 广州：华南理工大学，2018.

[2]　潘文智. 基于模拟植物生长算法的空间结构拓扑优化方法研究[D]. 广州：华南理工大学，2019.

[3]　林全攀. 弦支穹顶结构找力优化方法及施工仿真分析[D]. 广州：华南理工大学，2018.

[4]　石开荣，阮智健，姜正荣，等. 模拟植物生长算法的改进策略及桁架结构优化研究[J]. 建筑结构学报，2018，39（1）：120-128.

[5]　Shi K R, Ruan Z J, Jiang Z R, et al. Improved plant growth simulation and genetic hybrid algorithm（PGSA-GA）and its structural optimization[J]. Engineering Computations，2018，35（1）：268-286.

[6]　李彤. 基于模拟植物生长的二级整数规划算法研究[D]. 天津：天津大学，2004.

第7章　基于生长空间限定与并行搜索的
模拟植物生长算法的结构优化

7.1　基于生长空间限定与并行搜索的模拟植物生长算法

7.1.1　生长点集合限定机制

大规模复杂优化问题中,生长空间较大,且由于设计变量较多,每次生长过程中新增的生长点较多,导致生长过程中生长点集合规模快速增大。基于 PGSA 的随机概率选择机制,生长点集合的规模越大,优质生长点被选中的概率就越低,获取最优解所需的生长次数就越多,每次生长的计算时间也越长。另外,由于众多设计变量之间互相影响,可能存在多个局部最优解,若采用较为激进的计算机制[1-2],使得生长点集合的规模过小,则较大可能收敛于局部最优解。

因此,针对大规模复杂优化问题,本章提出生长点集合限定机制,即在选择下一次生长点前,限定参与生长概率计算的生长点集合大小为 k 个生长点,按照每个生长点的函数值进行排序,仅取较优的前 k 个生长点,其余生长点均被剔除;且当生长点集合小于 k 个生长点时,在满足计算精度要求的基础上(不低于 95% 的保证率),剔除函数值较劣的生长点。

通过采用生长点集合限定机制,一方面可大大减小生长点集合的规模,提高计算效率,加速优化计算的收敛;另一方面由于有较多优质生长点保留在生长点集合中,有利于跳出局部最优解。

7.1.2　新增生长点剔除机制

PGSA 求解优化问题时,算法是以遍历生长空间作为其终止机制,往往优化过程中已获取全局最优解,但算法却没有及时终止,尤其对于大规模复杂优化问题,生长空间规模巨大,在可接受的时间范围内利用 PGSA 遍历整个生长空间是难以实现的。

因此针对 PGSA 缺乏有效终止机制的问题,本章在生长点集合限定机制的基础上提出一种有效的终止机制——新增生长点剔除机制。新增生长点剔除机制,即在新增生长点加入生长点集合前，计算新增生长点的目标函数值，预先剔除函数值劣于生长点集合中最劣质生长点函数值的生长点，其余新增生长点则加入生长点集合中。

通过这种机制，一方面，可预先剔除相对劣质的新增生长点，同时也在一定程度上避免了激进的删除机制导致算法陷入局部最优解的情况出现，确保足够较优质的生长点参与生长，结合生长点集合限定机制，可同时剔除生长点集合中相对劣质的生长点，使得生长点集合整体更为优质；另一方面，在搜索到最优解后，较少的新增生长点能加入生长点集合中，结合生长点集合限定机制，生长点集合的规模不断减小，并在有限次生长后变为空集，算法自动终止，从而为 PGSA 提供了有效的算法终止机制。

7.1.3　混合步长并行搜索机制

对于大规模复杂优化问题，设计变量较多且相互耦合，可行域空间较大，若采用原始 PGSA，其设计变量仅能按照精度要求的步长变化，需要的生长次数较多。对于存在较多局部最优解的复杂优化问题，由于原始 PGSA 的步长固定且相对较小（精度要求限定），较容易陷入某个局部最优解而无法跳出。因此，本章针对上述大规模复杂优化问题，提出一种新的新增生长点搜索机制——混合步长并行搜索机制。

混合步长并行搜索机制，即在生成本次生长的新增生长点时，采用两种或两种以上的不同步长进行并行搜索，小步长用于搜索所选生长点附近的新增生长点，大步长用于较远距离的新增生长点。通过这种机制，一方面可大大减少算法的生长次数，提高搜索效率；另一方面，通过多种不同步长并行搜索，有利于在算法运行过程中通过大步长跳出局部最优解，以提高算法在大规模复杂优化问题中获取全局最优解的概率。

在算法实现过程中，小步长可取精度要求的步长，而大步长与可行域空间跨度有关，因此这里通过定义步域比 R 来界定，即大步长与可行域空间跨度之比。

三种算法改进新机制的实现流程图如图 7.1 所示，为了节省篇幅，仅突出其相比原始 PGSA 流程改进的部分（虚线框内为改进的部分）。

7.1.4　优化效果分析

为了验证三种改进机制对 PGSA 的改进效果，这里采用典型数学算例进行分析。

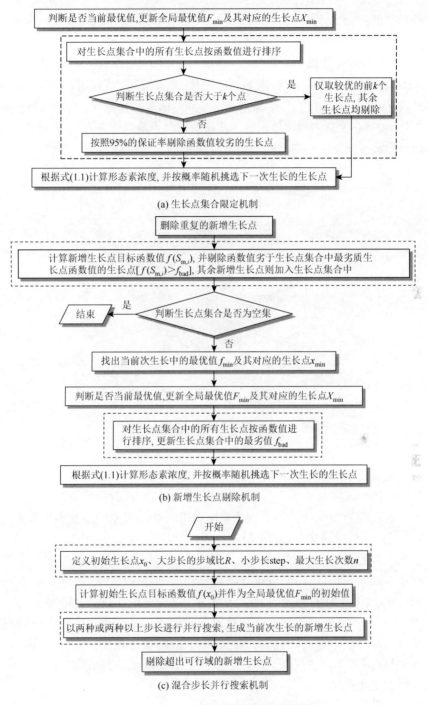

(a) 生长点集合限定机制

(b) 新增生长点剔除机制

(c) 混合步长并行搜索机制

图 7.1　PGSA 改进新机制算法流程图

数学算例：

$$f(x)=(x_1+3)^2+(x_2-2)^2$$

式中，x_1、x_2 为设计变量，$-20 \leqslant x_i \leqslant 20$，$i=1,2$。优化目标为求函数 $f(x)=(x_1+3)^2+(x_2-2)^2$ 的最小值，精度要求为 0.1。因此，生长空间（可行域）中共有 401×401 个生长点（约 16 万个生长点）。本算例函数的三维图形如图 7.2 所示，显然是一单峰函数，$x_{\min}=(-3,2)$ 为理论最优解，其相应的理论最优值为 $F_{\min}=0$。假定任意初始生长点为 $x_0=(9,-7)$，则对应的初始函数值为 $f(x_0)=225$。

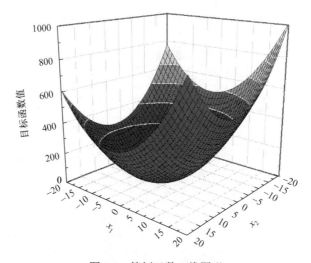

图 7.2　算例函数三维图形

（1）生长点集合限定机制的改进效果

分别采用引入生长点集合限定机制的 PGSA 和原始 PGSA 进行优化计算，设定最大生长次数为 2000 次，步长均为精度要求的 0.1，限定的生长点集合大小 k 为 100 个生长点，计算结果如图 7.3 所示。

由图 7.3 可知，原始 PGSA 经过 2000 次生长后仍未找到最优解，仅得到当前最优值 86.09。而引入生长点集合限定机制的 PGSA 经 887 次生长后即得到理论最优解 $x_{\min}=(-3,2)$，相应的最优值为 0，这说明生长点集合限定机制能大大提高 PGSA 的计算效率，加速优化计算的收敛。但生长点集合限定机制在获取了最优解后却不能迅速终止计算，即使生长 2000 次后算法仍未自动终止，这表明引入生长点集合限定机制的 PGSA 虽然显著提高了计算效率，但仍需进一步引入有效的终止机制。

（2）新增生长点剔除机制的改进效率

如前所述，为充分发挥该机制的改进效果，应与新增生长点剔除机制结合，使得最劣质生长点函数值 f_{bad} 可不断更新，生长点集合整体随着生长次数的增加而趋向更优。因此分别采用同时引入生长点集合限定机制和新增生长点剔除机制的 PGSA、仅引入生长点集合限定机制的 PGSA 及原始 PGSA 等三种算法进行优化计算，最大生长次数仍为 2000 次，步长均为精度要求的 0.1，限定的生长点集合大小 k 也均为 100 个生长点，计算结果如图 7.4 所示。

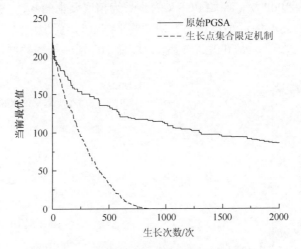

图 7.3　生长点集合限定机制的改进效果

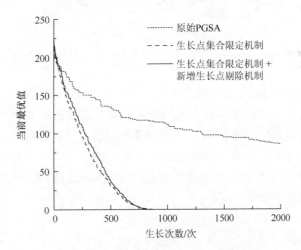

图 7.4　新增生长点剔除机制的改进效率

由图 7.4 可得，相对于仅引入生长点集合限定机制的 PGSA，同时引入生长点集合限定机制和新增生长点剔除机制的 PGSA 虽然在求解计算效率上改进不大，经 853 次生长后得到最优值 0，但在 877 次生长后生长点集合变为空集而算法自动终止，说明与生长点集合限定机制结合后，新增生长点剔除机制能够为 PGSA 提供有效的算法终止机制，能在搜索到最优解后经有限次生长而自动终止，大大节约了计算资源。

（3）混合步长并行搜索机制的改进效率

分别采用引入混合步长并行搜索机制的 PGSA 和原始 PGSA 进行优化计算，最大生长次数为 2000 次，原始 PGSA 的步长为精度要求的 0.1，引入混合步长并行搜索机制的 PGSA 中，小步长仍为精度要求的 0.1，而步域比 R 为 1/10，即大步长为 4。为了更好地显示其改进效率，仅取前 200 次生长的数据，如图 7.5 所示。

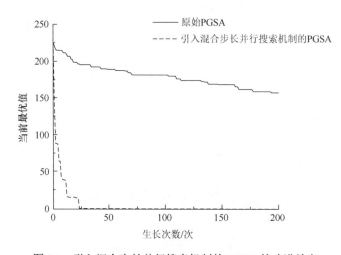

图 7.5　引入混合步长并行搜索机制的 PGSA 的改进效率

从图 7.5 可得，经过 200 次迭代后，原始 PGSA 得到的当前最优值为 157.33，距离最优值仍有很大的距离。而引入混合步长并行搜索机制的 PGSA，仅在前 25 次生长内即搜索至最优值 0 附近，这说明该机制能在很大程度上提高算法逼近最优值的能力，在生长前期便表现出优异的全局搜索能力，大大减少计算的迭代次数；但其在 200 次生长内仍未准确搜索到最优值 0，这是由于生长点集合中存在较多劣质生长点的干扰。

7.1.5　算法流程

上述算例分析表明，三种改进机制对 PGSA 各有其不同的改进效果，也存在各自不足之处。为了充分发挥三种机制对 PGSA 的计算效率、稳定性、全局搜索能力等方面的改进作用，并避免各自的不足，本章综合上述三种改进机制，提出基于生长空间限定与并行搜索的模拟植物生长算法（growth space limited &

parallel search-based plant growth simulation algorithm，GSL&PS-PGSA），其算法流程如图 7.6 所示。

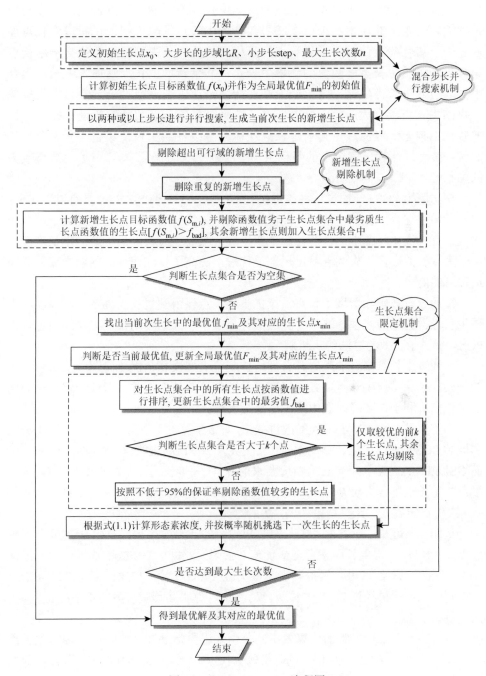

图 7.6　GSL&PS-PGSA 流程图

　　GSL&PS-PGSA 主要对原始 PGSA 进行了三方面的改进：①引入混合步长并行搜索机制，在生成本次生长的新增生长点时，采用两种或两种以上的不同步长进行并行搜索，小步长用于搜索所选生长点附近的新增生长点，大步长用于搜索较远距离的新增生长点；②引入新增生长点剔除机制，在新增生长点加入生长点集合前，计算新增生长点的目标函数值，预先剔除函数值劣于生长点集合中最劣质生长点函数值的新增生长点，其余新增生长点则加入生长点集合中；③引入生长点集合限定机制，在选择下一次生长点前，限定参与生长概率计算的生长点集合大小为 k 个生长点，按照每个生长点的函数值进行排序，仅取较优的前 k 个生长点，其余生长点均被剔除；且当生长点集合小于 k 个生长点时，在满足计算精度要求的基础上（不低于 95% 的保证率），剔除函数值较劣的生长点。

　　相比原始 PGSA，通过三种改进机制的结合，GSL&PS-PGSA 具有以下优点：

　　①通过混合步长并行搜索，能快速获取到最优解的范围，显著提高了算法在大规模复杂优化问题中的求解计算效率，大大减少了搜索到最优解的生长次数，由于大步长的存在，有利于跳出局部最优解，提高了算法在多峰问题中获得全局最优解的能力。

　　②通过有效剔除新增生长点，把优质生长点保留到生长点集合中，提高了优质生长点被选中的概率，提升了算法的计算效率，并结合生长点集合的限定，为 PGSA 提供了有效的算法终止机制。

　　③通过生长点集合的限定，合理地控制了大规模复杂优化问题中生长点集合的规模，剔除劣质生长点，大大提高了算法的计算效率，并且保留一定数量的优质生长点有利于在多峰问题中跳出局部最优解。

　　为了突显 GSL&PS-PGSA 的改进效果，对数学算例 3 分别采用 GSL&PS-PGSA 和原始 PGSA 进行优化计算，最大生长次数为 2000 次，原始 PGSA 的步长为 0.1，而 GSL&PS-PGSA 的小步长为精度要求的 0.1，大步长为 4，即步域比 R 为 1/10，限定的生长点集合大小 k 为 100 个生长点。为了更好地显示其改进效率，仅取前 150 次生长的数据，计算结果如图 7.7 所示。

　　从图 7.7 可知：一方面，GSL&PS-PGSA 的计算效率相比原始 PGSA 得到明显提高，经过 13 次生长即搜索至最优值 0 的附近，并经 110 次生长得到理论最优值 0，而此时原始 PGSA 仅得到当前最优值 176.57；另一方面，GSL&PS-PGSA 在得到最优值后再经过 29 次生长即自动终止，说明其具有有效的算法终止机制，改进效果显著。

　　结合上节中三种机制的计算效率，分别采用原始 PGSA（A 线）、引入生长点集合限定机制的 PGSA（B 线）、同时引入生长点集合限定机制和新增生长点剔除机制的 PGSA（C 线），以及 GSL&PS-PGSA（D 线），如图 7.8 所示。可以看出，

GSL&PS-PGSA 在综合三种机制的基础上扬长避短，兼具较高的计算效率与有效的终止机制，大大节约了计算资源。

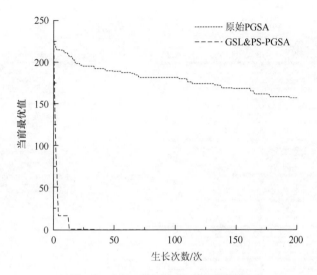

图 7.7 GSL&PS-PGSA 的改进效果

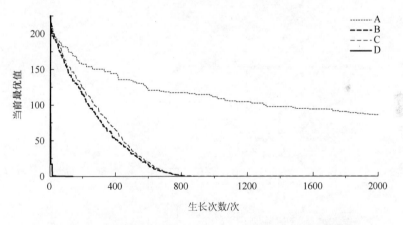

图 7.8 各种机制与 GSL&PS-PGSA、原始 PGSA 的计算效率

7.2 基于生长空间限定与并行搜索的模拟植物生长算法的优化模型

根据 GSL&PS-PGSA 的特点，采用将 ANSYS 二次开发语言 APDL 与 MATLAB 相结合的方法，其结构优化的计算流程如图 7.9 所示。

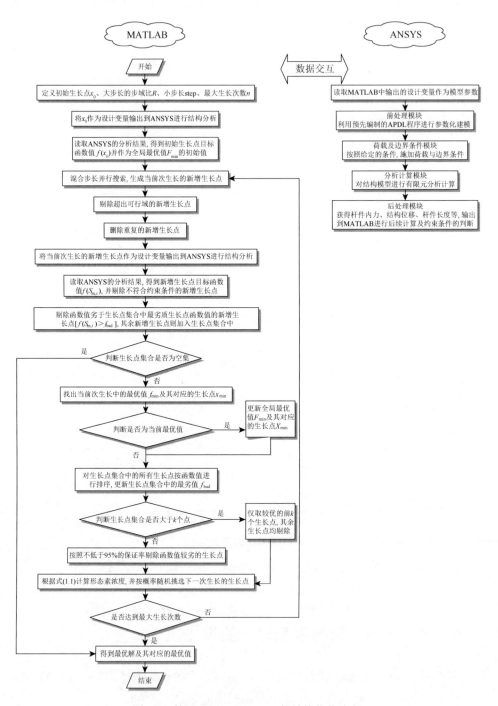

图 7.9　基于 GSL&PS-PGSA 的结构优化流程

7.3　空间结构截面与预应力优化设计

7.3.1　桁架结构截面优化设计

采用 3.3 节的十杆平面桁架的结构算例，以每根杆件的截面面积序号作为设计变量，以位移、应力限值和截面取值范围作为约束条件，以结构总质量为优化目标，采用 GSL&PS-PGSA 进行优化计算，生长点集合限定值 k 取为 200，混合步长并行搜索中取小步长为 1，步域比 R 为 1/3，即大步长为 13，各杆件的初始截面均取 30 号截面，初始结构总质量为 4577.2t。

在两种荷载工况下，根据 GSL&PS-PGSA 得到的优化结果，各可动节点的竖向位移如表 7.1 所示，各杆件的轴向应力如表 7.2 所示。

表 7.1　各可动节点的竖向位移

可动节点	竖向位移/mm	
	工况 1	工况 2
1	−46.4	−21.2
2	−50.7	−16.5
3	−18.7	−12.2
4	−16.5	−34.7

表 7.2　各杆件的轴向应力

杆件号	应力/(N/mm²)		杆件号	应力/(N/mm²)	
	工况 1	工况 2		工况 1	工况 2
1	51.02	19.72	6	32.65	−35.01
2	32.65	−35.01	7	37.48	125.11
3	−49.52	−11.80	8	−45.02	−36.26
4	−52.81	−0.27	9	44.13	0.23
5	−16.58	169.77	10	−46.17	49.51

从表 7.1 和表 7.2 可知，工况 1 下杆件 4 的轴向应力最大，为−52.82N/mm²，节点 2 的竖向位移最大，为−50.7mm；而工况 2 下杆件 5 的轴向应力最大，为 169.77N/mm²，杆件 7 的轴向应力也较大，为 125.11N/mm²，节点 4 的竖向位移最大，为−34.7mm。因此，两种工况下各杆件的轴向应力和可动节点的竖向位移均

未超过限值，满足约束条件，其中工况 1 下节点 2 的竖向位移接近限值−50.8mm，工况 2 下杆件 5 的轴向应力接近限值 172.4N/mm^2。因此，GSL&PS-PGSA 所得的拓扑优化设计结果可满足结构承载力和刚度要求。

与其他方法的优化结果对比如表 7.3 所示，由表 7.3 可知，相比二级优化法[3]、相对差商法[4]、连续变量法[5]等传统的算法，GSL&PS-PGSA 表现出其作为智能启发式优化算法的优势，较大幅度地减小了 8%—15%的用钢量。

表 7.3　十杆平面桁架截面结构总质量优化结果对比

		GSL&PS-PGSA	二级优化法	相对差商法	连续变量法
截面面积/cm^2	杆件 1	167.7	187.1	200.0	151.9
	杆件 2	0.645	19.350	0.645	0.645
	杆件 3	96.75	103.20	141.90	163.10
	杆件 4	83.85	83.85	103.20	92.62
	杆件 5	19.350	6.450	0.645	0.645
	杆件 6	0.645	12.900	0.645	12.710
	杆件 7	12.90	41.93	19.35	79.92
	杆件 8	129.00	96.75	148.40	82.64
	杆件 9	141.9	122.6	141.9	131.2
	杆件 10	0.645	25.800	0.645	0.645
最大位移/mm		−50.7	−50.2	−44.3	−50.7
最大应力/(N/mm^2)		169.77	161.10	−123.57	−170.25
结构总质量/t		1.956	2.117	2.245	2.123
优化效果对比/%		—	108.20	114.76	108.54

注：优化效果对比是以 GSL&PS-PGSA 的优化结果为参照，得到其他方法的优化结果相对百分比。

7.3.2　网壳结构截面优化设计

采用 3.4 节的 K6 型单层球面网壳的结构算例，将网壳杆件分为 9 类，形成 9 个截面面积设计变量，以每组杆件的截面编号为设计变量，以竖向位移限值、杆件强度、杆件长细比及截面取值范围作为约束条件，以结构总质量为优化目标，采用 GSL&PS-PGSA 进行优化计算，生长点集合限定值 k 取为 200，混合步长并行搜索中取小步长为 1，步域比 R 为 1/10，即大步长为 3，各杆件的初始截面均取 20 号截面，初始结构总质量为 62.974t，优化结果如表 7.4 所示，与其他方法优化结果的对比如表 7.5 所示。

表 7.4　基于 GSL&PS-PGSA 的 K6 型单层球面网壳截面优化结果

杆件分组	第1组	第2组	第3组	第4组	第5组	第6组	第7组	第8组	第9组
截面编号	4	1	1	10	10	10	4	4	4
截面面积/cm^2	11.95	9.93	9.93	13.82	13.82	13.82	11.95	11.95	11.95

优化后的结构总质量为 41.265 t，结构最大竖向位移为 29.4 mm，压弯杆件的最大长细比 147.57，按强度验算时最大应力为 143.85 N/mm^2，均满足约束条件。

表 7.5　K6 型单层球面网壳截面结构质量优化结果对比

	GSL&PS-PGSA	ANGA	GA	ANSYS 自带的优化算法
结构质量/t	41.265	45.099	46.527	47.752
优化效果对比/%	—	109.29	112.75	115.72

注：优化效果对比是以 GSL&PS-PGSA 的优化结果为参照，得到其他方法的优化结果相对百分比。

由表 7.5 可知，与本章提出的 GSL&PS-PGSA 得到的优化结果相比，GA[6]、ANGA[6] 及 ANSYS 自带的优化方法[6] 所得结果分别增加了 12.75%、9.29%、15.72% 的用钢量，GSL&PS-PGSA 的优化效果明显，更有利于发挥材料性能，提高结构效率，表明了 GSL&PS-PGSA 具有更优的全局搜索机制，优化效果显著。

7.3.3　弦支穹顶结构预应力优化设计

采用 5.3 节 K8 型弦支穹顶的结构算例，以环向索的预应力为设计变量，根据平衡状态下环向索预应力大小的差异，将环向索分为 3 组，因此设计变量为 3 个。以所有支座的水平径向反力绝对值最小为目标函数，考虑容许挠度、杆件容许长细比、杆件强度与稳定性、截面库、拉索预应力容许值等约束条件。其中，拉索预应力容许值为拉索在各个工况下的最大应力，不超过 668N/mm^2（材料的分项系数取 2.5）。

对于弦支穹顶结构，相对于外圈索杆体系，通常其内圈索力较小，尤其径向索，在不利风荷载、半跨活荷载或雪荷载作用下易发生松弛现象，因此需对内力重分布后的拉索索力设定最低限值[7]，本章设定内力重分布后内圈环向索的索力最低限值为 30kN。

本章将初始预应力精度设置为 1kN，采用 GSL&PS-PGSA 进行优化计算。同时为了应对初始预应力的高精度优化需要并进一步提升全局搜索能力，采用三种步长进行混合并行搜索，取小步长等于精度要求的 1kN，大步长为可行域空间的 1/10，即 300kN，而中步长取大步长的 1/10，即 30kN。限定的生长点集合大小 k

取为 10。从内到外三圈环向索初始预应力的初值分别为 300kN、600kN、1200kN，对应的初始最大支座径向反力为 135.03kN。

为了对比 GSL&PS-PGSA 的优化效率，同时采用原始 PGSA 进行优化计算。GSL&PS-PGSA 与原始 PGSA 的优化过程如图 7.10 所示。

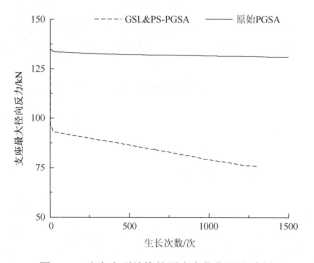

图 7.10　弦支穹顶结构的预应力优化设计过程

本算例中的设计变量虽然仅有三个，但是每个设计变量有 2991 个离散取值，构成 2991^3 的庞大生长空间（约 267 亿个生长点）。从图 7.10 可知，GSL&PS-PGSA 在最初的几次生长即将目标值由 135.03kN 降低至 100kN 以下，这得益于混合步长并行搜索机制，通过大步长快速搜索到最优解的范围，然后逐步向最优解趋近，经过 1303 次迭代得到最优解 76kN，并在第 1313 次迭代后及时终止计算，相比原始 PGSA，其优势明显。由此，本章提出的 GSL&PS-PGSA 采用三种步长并行搜索以应对大规模高精度优化问题，结合生长点限定机制及新增生长点剔除机制，加速了目标函数向最优值的逼近，并且在生长点集合中保留了一定的生长点，一定程度上避免了过早收敛的问题。

按照 GSL&PS-PGSA 的预应力优化设计结果，从内到外三圈环向索的初始预应力分别为 169kN、394kN、1004kN，最大支座径向反力为 76kN，按强度验算时最大应力为 54.1N/mm²，按稳定验算时最大应力为 57.9N/mm²，最大竖向位移为 -19.8mm，最大长细比为 116，均满足约束条件，内力重分布后从内到外三圈环向索的索力为 30.56kN、250.04kN、952.17kN。

进一步地，将 GSL&PS-PGSA 与 ANSYS 自带的优化方法[7]、PSO[7] 进行对比，如表 7.6 所示。

表 7.6　K8 型弦支穹顶支座最大径向反力优化结果对比

方法	GSL&PS-PGSA	ANSYS 自带的优化方法	PSO
支座最大径向反力/kN	76	101	96
优化效果对比/%	—	132.89	126.32

注：优化效果对比是以 GSL&PS-PGSA 的优化结果为参照，得到其他方法的优化结果相对百分比。

由表 7.6 可得，相比于 ANSYS 自带的优化方法[7]，GSL&PS-PGSA 能大幅度降低支座的最大径向反力，优化效果非常明显；即使与其他智能优化算法如 PSO[7] 等对比，GSL&PS-PGSA 所得的优化结果同样具有优势。

7.4　空间结构拓扑优化设计

7.4.1　桁架结构拓扑优化设计

1. 基于 GSL&PS-PGSA 的简易离散体结构拓扑优化设计新方法

目前简易离散体结构（桁架）拓扑优化设计的两种思路均割裂了结构拓扑与杆件截面之间的耦合关系，往往难以得到全局最优解，同时也会带来不易克服的问题（如极限应力和最优解的奇异性等）[8]。因此，针对简易离散体结构（桁架）拓扑优化设计问题，本节将以基于 GSL&PS-PGSA 的结构优化方法为基础，对其拓扑优化设计方法进行研究。

针对上述简易离散体结构拓扑优化设计中存在的问题，以结构用钢量（总质量）最小为目标，基于 PGSA 基本原理，通过引入多维并行生长机制、随机多向搜索机制及结构拓扑稳定性判定机制，提出基于 GSL&PS-PGSA 的简易离散体结构拓扑优化设计新方法，其原理及特点如下。

①基于 PGSA 的基本原理，引入多维并行生长机制，将结构的拓扑变量（杆件的删除或保留）与杆件截面变量形成统一的多维并行生长空间，并根据各生长点的形态素浓度高低来决定生长方向，从而实现结构拓扑与杆件截面一体化同步优化，以考虑拓扑与截面之间的耦合关系。具体实现时，依托 MATLAB 和 ANSYS 软件功能，采用 ANSYS 的单元生死技术进行杆件的增删，采用 GSL&PS-PGSA 进行拓扑及截面的同步优化。引入结构拓扑与截面的一体化变量，其可行域为 $[0, S]$，其中 S 为杆件截面库中最大的截面号，当取 0 时，即赋予杆件 1 号截面并删除该杆件，当取 1-S 时，即赋予杆件相应编号的截面，如此实现结构拓扑与截面的同步优化，有效避免了优化过程中割裂拓扑与截面变量之间的耦合关系。

②为了使结构拓扑与杆件截面的组合更加多样化，进一步引入随机多向搜索

机制，即在混合步长并行搜索机制的基础上，增加若干个由随机多向搜索机制生成的新增生长点，每个新增生长点中每根杆件的截面均以大步长和小步长随机增减，因此所生成的新增生长点中结构拓扑及杆件截面均是随机组合的，可进一步提升算法的全局寻优能力。

③为避免计算过程中出现结构的拓扑不稳定，从而导致有限元计算不收敛，引入结构拓扑稳定性判定机制：首先，对于与支座相连的节点，不能被删除且必须至少有一根杆件与该节点相连；其次，对于外荷载直接作用的节点，与其相连的杆件中必须有能够平衡该外荷载的杆件；最后，对于其他节点（无外荷载作用且不与支座相连的节点），必须有至少三根杆件与该节点相连，当与该节点相连的杆件少于三根时，约束该节点的三向位移并删除与该节点相连的杆件。

④由于混合步长搜索机制和随机多向搜索机制的结合，通过大步长使得杆件不需要经过最小截面之后才可能被删除，在进行截面优化设计的同时拓扑优化设计也在进行，在某一生长点中既存在杆件截面的改变也存在杆件的增删，最大程度上保证了结构的灵活变化，能更好地搜索到结构拓扑与杆件截面的最优组合。

2. 算法流程

根据基于 GSL&PS-PGSA 的简易离散体结构拓扑优化设计方法的原理及特点，其计算流程如图 7.11 所示。

相比于 7.2 节中基于 GSL&PS-PGSA 的结构优化方法及其流程，本节中提出的基于 GSL&PS-PGSA 的简易离散体结构拓扑优化设计方法及其流程主要有以下改变（虚线框内的为改变部分）。

1）MATLAB 部分

①以当前次生长所选的生长点为基点，设计变量以大小步长变化，混合并行搜索本次生长的新增生长点，并在此基础上，随机多向搜索生成多个随机新增生长点，每个新增生长点中每根杆件的截面均以大步长和小步长随机增减，随后剔除超出可行域或重复的新增生长点，以及当前次生长所选的生长点。

②在 MATLAB 中进行结构拓扑稳定性判定，检查荷载作用节点及与支座相连节点的杆件连接情况，对于与支座相连的节点，不能被删除且必须至少有一根杆件与该节点相连，对于外荷载直接作用的节点，与其相连的杆件中必须有能够平衡该外荷载的杆件。不满足以上条件的可能存在结构拓扑不稳定的新增生长点将被剔除。

2）ANSYS 部分

①单元生死模块。设计变量的可行域范围为$[0, S]$，截面编号为 0 的杆件赋予最小截面，并采用 ANSYS 单元生死技术删除该杆件，其余杆件则赋予截面编号相应的截面。

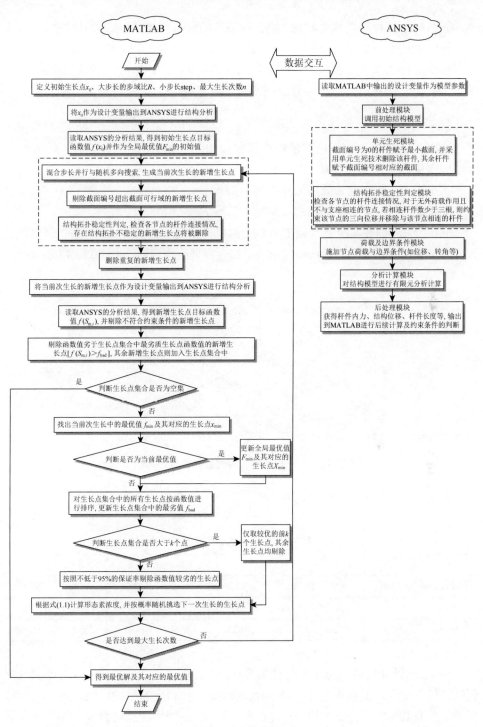

图 7.11　基于 GSL&PS-PGSA 的简易离散体结构拓扑优化设计方法的算法流程图

②结构拓扑稳定性判定模块。检查各节点的杆件连接情况,对于其他节点(无外荷载作用且不与支座相连的节点),必须有至少三根杆件与该节点相连,当与该节点相连的杆件少于三根时,约束该节点的三向位移并删除与该节点相连的杆件,以防止有限元计算中节点漂移导致的刚度矩阵奇异。

3. 十二杆桁架拓扑优化设计算例

选取文献[9]中十二杆桁架的结构算例,如图 7.12 所示,其中节点 5、6 均为固定铰支座。考虑两种荷载工况,即

①工况 1:在节点 2 处施加 y 向集中荷载 $F_{2y} = -445\text{kN}$;

②工况 2:在节点 4 处施加 y 向集中荷载 $F_{4y} = -445\text{kN}$。

位移约束为两种工况下节点 2、4 的 y 向位移不超过 ±50.8mm。杆件的弹性模量 $E = 68.97 \times 10^3\,\text{N/mm}^2$,密度 $\rho = 2768\text{kg/m}^3$,容许应力均为 $[\sigma] = \pm172.435\text{N/mm}^2$。

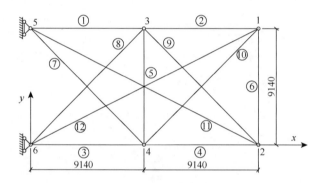

图 7.12　十二杆桁架结构布置(单位:mm)

各杆件的许用截面库如表 7.7 所示。

表 7.7　各杆件的许用截面库

序号	0	1	2	3	4	5	6	7
截面面积/cm²	0(删除)	6.45	19.35	32.26	51.61	67.74	77.42	96.77
序号	8	9	10	11	12	13	14	15
截面面积/cm²	109.68	141.94	154.84	167.74	180.64	187.10	200.00	225.81

共 12 个设计变量,每个设计变量有 16 种取值(0—15),其中 0 号截面代表删除该杆件单元,而截面号 1—15 则代表赋予杆件相应编号的截面。因此可行域空间中共有 16^{12} 个生长点(约 28 万亿个生长点)。以结构总质量最小为目标,采用 GSL&PS-PGSA 进行拓扑与截面优化设计,最大生长次数为 2000 次,生长点

集合限定值 k 取 100。为防止优化计算过程中结构刚度矩阵变化过大，混合步长并行搜索中的大步长不宜过大，取步域比 R 为 1/8，即大步长为 2，小步长为精度要求的 1，各杆件的初始截面均为 8 号截面，每次生成新增生长点时，引入若干个以大步长和小步长随机变化的新增生长点。

为了更好地突显 GSL&PS-PGSA 的优化效率，同时采用原始 PGSA 进行优化计算。GSL&PS-PGSA 与原始 PGSA 的优化过程如图 7.13 所示。GSL&PS-PGSA 得到的最优解如表 7.8 所示。

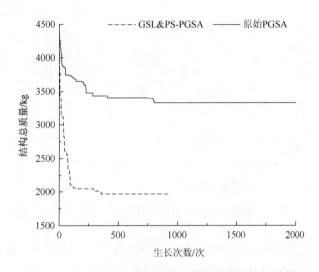

图 7.13 十二杆平面桁架拓扑与截面优化设计的过程

从图 7.13 可知，原始 PGSA 计算效率明显偏低，2000 次生长后仅将结构总质量优化至 3.330t，且由于生长点集合规模随着生长次数的增大而不断增大，进一步降低了其计算效率。相比之下，GSL&PS-PGSA 在最初的 100 次生长即将结构总质量由 4.478t 降低至 2.000t 附近，这得益于混合步长搜索机制中大小步长的并行搜索，通过大步长快速搜索到最优解的范围，然后逐步向最优解趋近；在 344 次生长后进一步将结构总质量降低至 2.000t 以下，具有较高的计算效率与全局搜索能力，在 355 次生长后得到最优值 1.966t 及其相应的最优解，并在 924 次生长后自动终止算法。

表 7.8 基于 GSL&PS-PGSA 的十二杆平面桁架拓扑与截面优化设计的最优解

杆件编号	1	2	3	4	5	6
截面编号	12	0	7	7	2	0
截面面积/cm²	180.64	0	96.77	96.77	19.35	0

续表

杆件编号	7	8	9	10	11	12
截面编号	2	8	9	0	0	0
截面面积/cm²	19.35	109.68	141.94	0	0	0

由表 7.8 可知，2 号、6 号、10 号、11 号及 12 号杆件的截面编号均为 0，即这 5 根杆件被删除，因此结构的最优拓扑变为由 7 根杆件组成的平面桁架结构，如图 7.14 所示。

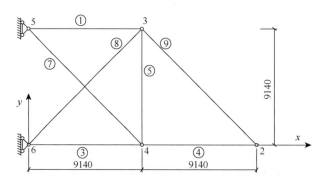

图 7.14　十二杆平面桁架经优化后的最优拓扑（单位：mm）

在两种荷载工况下，根据 GSL&PS-PGSA 得到的优化结果，各杆件的轴向应力如表 7.9 所示，各可动节点的竖向位移如表 7.10 所示。

表 7.9　各杆件的轴向应力

杆件号	应力/(N/mm²)		杆件号	应力/(N/mm²)	
	工况 1	工况 2		工况 1	工况 2
1	46.52	16.11	7	35.82	112.68
3	−50.97	−15.89	8	−51.00	−37.51
4	−45.91	0	9	44.38	0
5	−25.77	150.43			

表 7.10　各可动节点的竖向位移

可动节点	竖向位移/mm	
	工况 1	工况 2
2	−50.5	−16.4
3	−19.7	−12.1
4	16.3	−32.1

　　由表 7.9 和表 7.10 可知：工况 1 下杆件 8 的轴向应力最大，为–51.00N/mm^2，节点 2 的竖向位移最大，为–50.5mm；而工况 2 下杆件 5 的轴向应力最大，为150.43N/mm^2，杆件 7 的轴向应力也较大，为 112.68N/mm^2，节点 4 的竖向位移最大，为–32.1mm。因此，两种工况下各杆件的轴向应力和可动节点的竖向位移均未超过限值，满足约束条件，其中工况 1 下节点 2 的竖向位移接近限值–50.8mm。

　　进一步与其他优化方法进行对比，结果见表 7.11。

表 7.11　十二杆平面桁架结构总质量优化结果对比

		GSL&PS-PGSA	相对差商法	评价法	复合形遗传算法	相对差商法与混沌算法结合
截面面积/cm^2	杆件 1	180.64	167.74	167.74	180.64	167.74
	杆件 2	0	19.35	0	0	0
	杆件 3	96.77	109.68	109.68	96.77	96.77
	杆件 4	96.77	77.42	96.77	96.77	109.68
	杆件 5	19.35	0	51.61	19.35	19.35
	杆件 6	0	19.35	0	0	0
	杆件 7	19.35	32.26	32.26	32.26	19.35
	杆件 8	109.68	109.68	96.77	141.94	109.68
	杆件 9	141.94	109.68	141.94	109.68	141.94
	杆件 10	0	32.26	0	0	0
	杆件 11	0	0	0	0	0
	杆件 12	0	0	0	0	0
最大位移/mm		−50.5	−50.0	−50.5	−50.8	−50.6
最大应力/(N/mm^2)		150.43	142.55	70.25	128.78	150.16
结构总质量/t		1.966	2.012	2.048	2.011	1.966
优化效果对比/%		—	102.35	104.16	102.30	100.00

注：优化效果对比是以 GSL&PS-PGSA 的优化结果为参照，得到其他方法的优化结果相对百分比。

　　从表 7.11 可知，与文献[8]中的相对差商法、文献[10]中的评价法及文献[11]中的复合形遗传算法相比，GSL&PS-PGSA 具有一定的优势，减少了至少 2%的用钢量；与文献[9]中的相对差商法与混沌算法结合的方法相比，GSL&PS-PGSA 虽然在结构总质量上相等，结构拓扑一致，但截面组合并不相同，主要表现在杆件 1 和杆件 4 的截面上，两种方法所得的最大节点位移和最大杆件轴向应力基本相同；此外，文献[9]—[11]所得的最优拓扑均与 GSL&PS-PGSA 所得最优拓扑一致，由此表明了所提出的基于 GSL&PS-PGSA 的简易离散体结构拓扑优化设计方法的可行性与有效性。

4. 十五杆桁架拓扑优化设计算例

选取文献[12]中十五杆桁架的结构算例，如图 7.15 所示，其中节点 1、2 均为固定铰支座。考虑两种荷载工况，即

①工况 1：在节点 3、5、7 处分别施加 y 向集中荷载 $F_{3y} = F_{5y} = F_{7y} = -445\text{kN}$ 。

②工况 2：在节点 4、6、8 处分别施加 y 向集中荷载 $F_{4y} = F_{6y} = F_{8y} = -445\text{kN}$ 。

位移约束为两种工况下节点 5 的 y 向位移不超过 $\pm15.24\text{mm}$ 。杆件的弹性模量 $E = 68.97\times10^3\,\text{N/mm}^2$ ，密度 $\rho = 2768\text{kg/m}^3$ ，容许应力均为 $[\sigma] = \pm172.435\text{N/mm}^2$ 。

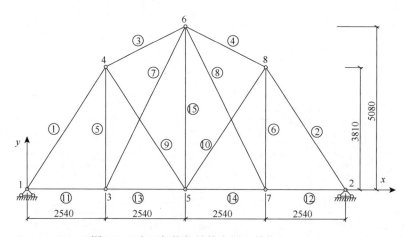

图 7.15　十五杆桁架结构布置（单位：mm）

各杆件的许用截面库如表 7.12 所示。根据对称性，桁架杆件分组如表 7.13 所示，每组杆件选用同一种截面。

表 7.12　各杆件的许用截面库

序号	0	1	2	3	4	5
截面面积/cm²	0（删除）	6.45	9.68	22.58	32.26	45.16
序号	6	7	8	9	10	11
截面面积/cm²	70.97	83.87	103.23	129.03	161.29	193.55

表 7.13　各杆件的分组

组号	1	2	3	4	5	6	7	8
杆件	①②	③④	⑤⑥	⑦⑧	⑨⑩	⑪⑫	⑬⑭	⑮

与十二杆桁架算例类似，十五杆桁架结构共有 8 个设计变量，每个设计变量有 12 种取值（0—11），其中 0 号截面代表删除该杆件单元，而截面号 1—11 则代表赋予杆件相应编号的截面。因此可行域空间中共有 12^8 个生长点（约 4.3 亿个生长点）。以结构总质量最小为目标，采用 GSL&PS-PGSA 进行优化，最大生长次数为 2000 次，生长点集合限定值 k 取 100，取步域比 R 为 1/6，即大步长为 2，小步长为精度要求的 1，各杆件的初始截面均为 11 号截面，每次生成新增生长点时，引入若干个以大步长和小步长随机变化的新增生长点。

分别采用 GSL&PS-PGSA 和原始 PGSA 进行优化计算，优化过程如图 7.16 所示。GSL&PS-PGSA 得到的最优解如表 7.14 所示。

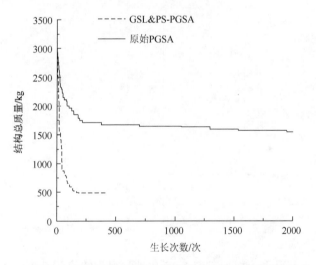

图 7.16　十五杆平面桁架拓扑与截面优化设计的过程

类似地，从图 7.16 可知，原始 PGSA 计算效率相对较低，2000 次生长后仅将结构总质量优化至 1.544t，且由于生长点集合规模随着生长次数的增大而不断增大，进一步减慢了其优化计算的速度。相比之下，GSL&PS-PGSA 在最初的 44 次生长即将结构总质量由 3.119t 降低至 1.000t 以下，这受益于混合步长搜索机制中大小步长的并行搜索；168 次生长后进一步降低至 0.500t 以下，具有较高的计算效率与全局搜索能力，并在 183 次生长后得到最优值 0.486t 及其相应的最优解，并在 415 次生长后自动终止算法。

表 7.14　基于 GSL&PS-PGSA 的十五杆平面桁架拓扑与截面优化设计的最优解

杆件分组	1		2		3		4	
杆件编号	1	2	3	4	5	6	7	8
截面编号	7		5		4		0	
截面面积/cm²	83.87		45.16		32.26		0	
杆件分组	5		6		7		8	
杆件编号	9	10	11	12	13	14	15	
截面编号	1		1		1		6	
截面面积/cm²	6.45		6.45		6.45		70.97	

表 7.14 中 7 号和 8 号杆件的截面编号均为 0，即这 2 根杆件被删除，因此结构的最优拓扑为 13 根杆件组成的平面桁架结构，如图 7.17 所示。

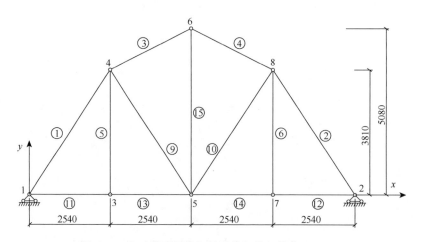

图 7.17　十五杆平面桁架的最优拓扑（单位：mm）

在两种荷载工况下，根据 GSL&PS-PGSA 得到的优化结果，工况 1 下杆件 5 和杆件 6 的轴向应力最大，为 137.94N/mm²，节点 5 的竖向位移为−15.0mm；而工况 2 下杆件 3 和杆件 4 的轴向应力最大，为−110.52N/mm²，节点 5 的竖向位移为−12.7mm。因此，两种工况下各杆件的轴向应力和节点 5 的竖向位移均未超过限值，满足约束条件。

各杆件的初始截面均为 11 号截面，对应的初始结构总质量为 3.119t，经 GSL&PS-PGSA 优化后的结构总质量为 0.486t，这个结果与文献[10]、[12]—[13] 的结果一致，结构最优拓扑及截面组合也一致，同样反映了基于 GSL&PS-PGSA 的简易离散体结构拓扑优化设计方法的可行性与有效性。

7.4.2　网壳结构拓扑优化设计

1. 基于 GSL&PS-PGSA 的网壳结构拓扑优化设计方法

目前对于空间网格结构的拓扑优化设计研究中，或优化后的结构拓扑较为怪异，难以用于工程实践，或并未对网壳环向分割数这一关键拓扑变量进行优化。而对于更为复杂的预应力空间结构的拓扑优化设计，或仅适用于网格较为简单或简易布索的预应力空间结构，或采用多方案对比，或还不够深入，且均未对预应力空间结构更为核心的刚性杆件（网格布置及尺寸）和拉索布置等重要拓扑变量进行优化。因此，目前空间结构的拓扑优化设计研究仍有待深入，尤其如何考虑拓扑、截面、预应力等不同类型混合变量的耦合关联，进行一体化同步优化是一关键科学问题。

针对网壳结构拓扑优化设计方法中存在的问题，本节以单层网壳常用的几种网格形式（如肋环型、凯威特型、施威德勒型、联方型等）为依据，提出采用广义拓扑参数来统一表征空间结构特征（拓扑、截面等），引入两类新的拓扑变量，分别为单层网壳的环向分割数 K_n 和环数 N_x。在以上简易离散体结构拓扑优化设计方法的基础上，以结构用钢量为目标，以环向分割数、环数及各圈杆件的截面等广义拓扑参数为设计变量，提出基于 GSL&PS-PGSA 的网壳结构拓扑优化设计方法，其原理及特点如下。

①目前常规的拓扑优化设计方法一般基于基结构法，给定一个初始的结构模型，然后在初始结构模型上进行单元的增删及尺寸优化等。与之不同的是，这里所提出的拓扑优化设计方法仅需给定初始结构基本参数，如结构的跨度、矢高、杆件的材料、荷载及边界条件、节点形式等，在此基础上，其初始结构模型可以任意选择和改变，避免了基结构的选择不合理导致陷于局部最优解，且无需进行拓扑稳定性判定，此外也避免了生成一些与工程实际脱节的怪异结构拓扑而无法用于实际工程。

②设计变量主要有三种，分别为网壳的环向分割数、环数及杆件的截面。通过优化其环向分割数和环数来获得网壳结构的最优拓扑，通过优化杆件的截面来获取其最优尺寸。本章提出广义拓扑参数的概念，将空间结构的结构特性通过广义拓扑参数来统一表征。对于网壳结构，其广义拓扑参数包括结构拓扑参数（环向分割数和环数等）及杆件截面。同时基于 PGSA 的基本原理，将各广义拓扑参数形成统一的多维并行生长空间，并根据各生长点的形态素浓度大小来一致决定生长方向，从而实现结构拓扑与杆件截面一体化同步优化，以考虑拓扑与截面之间的耦合关系。

③类似地，为了使结构拓扑与杆件截面的组合更加全面，进一步引入随机多向搜索机制，即在混合步长并行搜索机制的基础上，增加若干个由随机多向搜索机制生成的新增生长点。在这些新增加的随机生长点中，环向分割数和环数改变时每根杆件的截面均以大步长和小步长随机增减，另外在环向分割数和环数不变时每根杆件的截面也均以大步长和小步长随机增减。因此所生成的新增生长点中结构拓扑及杆件截面均是随机组合的，可进一步提升算法的全局寻优能力。

2. 算法流程

基于 GSL&PS-PGSA 的网壳结构拓扑优化设计方法的原理及特点，其计算流程如图 7.18 所示。相比于 7.2 节中基于 GSL&PS-PGSA 的结构优化方法及其流程，本节中提出的基于 GSL&PS-PGSA 的网壳结构拓扑优化设计方法及其流程主要有以下改变（虚线框内的为改变部分）。

（1）MATLAB 部分

以当前次生长所选的生长点为基点，设计变量以大小步长变化，混合并行搜索当前次生长的新增生长点，并在此基础上，随机搜索生成多个随机新增生长点，环向分割数和环数改变时每根杆件的截面均以大步长和小步长随机增减，另外在环向分割数和环数不变时每根杆件的截面也均以大步长和小步长随机增减，随后剔除超出可行域或重复的新增生长点及当前次生长所选的生长点。

（2）ANSYS 部分

根据 MATLAB 输出的环向分割数和环数进行参数化建模，生成等效节点荷载，再根据截面号赋予杆件相应的截面，随后施加等效节点荷载及边界约束条件。

3. 联方型球面网壳拓扑优化设计算例

（1）结构基本参数

以联方型网壳为基本拓扑构型，跨度为 60m，矢高为 12m，矢跨比为 1/5，杆件材料采用 Q355B 钢管（$f = 310\text{N/mm}^2$），密度 $\rho = 7.85 \times 10^3 \text{ kg}/\text{m}^3$，弹性模量 $E = 2.06 \times 10^5 \text{N/mm}^2$，泊松比 $\nu = 0.3$，采用相贯节点连接。

永久荷载标准值（结构自重和屋面自重）取为 0.8kN/m^2，活荷载标准值为 0.5kN/m^2，承载能力极限状态考虑以下两种荷载基本组合。

荷载组合 1：$1.35 \times$ 永久荷载 $+ 1.4 \times 0.7 \times$ 活荷载。

荷载组合 2：$1.2 \times$ 永久荷载 $+ 1.4 \times$ 活荷载。

相应地，正常使用极限状态采用以下荷载标准组合。

标准组合：$1.0 \times$ 永久荷载 $+ 1.0 \times$ 活荷载。

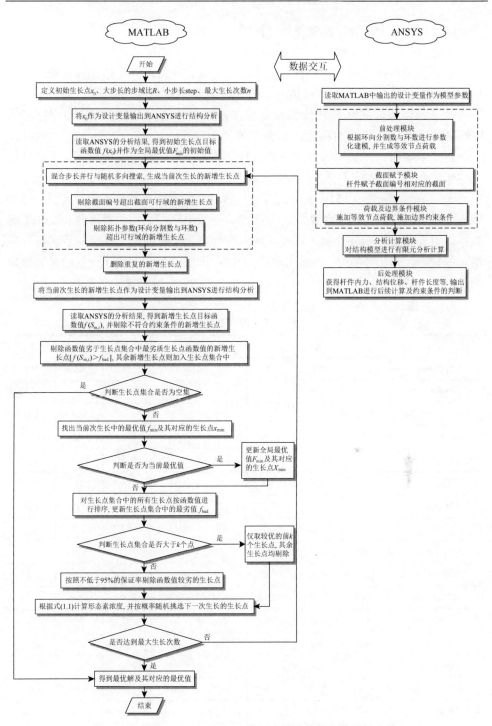

图 7.18　基于 GSL&PS-PGSA 的网壳结构拓扑优化设计方法

（2）优化目标、设计变量及其可行域

优化目标：在满足所有约束条件的前提下，使得结构的总质量最小。

包括两类设计变量：拓扑设计变量和尺寸设计变量，其中拓扑设计变量包括单层网壳的环向分割数 K_n 和环数 N_x，而尺寸设计变量为杆件截面。

为了确保最外圈环向杆件的长度合理，限制其环向分割数 K_n 的可行域为 $[18, 74]$，且为了保持其对称性，K_n 的取值需为偶数。

对于单层网壳，采用等弧法确定每圈杆件的布置位置，并且为了保证径向杆件的长度合理，限制其环数 N_x 的可行域为 $[3, 12]$。

建立截面库（表 7.15），采用截面号代替杆件的截面尺寸作为设计变量，每个截面号对应截面库中的一种截面。考虑到单层球面网壳结构的对称性和优化求解效率，对杆件进行归并分组，每圈的环向杆件采用一种截面，每圈的径向杆件采用一种截面。由于环数 N_x 的最大取值为 12，因此本算例中设计变量的最大数量为 26 个，包括 2 个拓扑设计变量（K_n 和 N_x）及 24 个尺寸设计变量。

表 7.15　许用截面库

编号	1	2	3	4	5	6	7	8
管径/mm	68	70	73	76	83	89	95	102
壁厚/mm	3.0	3.0	3.0	3.0	3.5	3.5	3.5	4.0
回转半径/cm	2.30	2.37	2.48	2.58	2.81	3.03	3.24	3.47
截面模量/cm³	9.54	10.14	11.09	12.08	16.67	19.34	22.20	29.04
截面面积/cm²	6.13	6.31	6.60	6.88	8.74	9.40	10.06	12.32
编号	9	10	11	12	13	14	15	16
管径/mm	114	121	127	133	140	146	152	159
壁厚/mm	4.0	4.0	4.0	4.0	4.5	4.5	4.5	4.5
回转半径/cm	3.89	4.14	4.35	4.56	4.79	5.01	5.22	5.46
截面模量/cm³	36.73	41.63	46.08	50.76	62.87	68.65	74.69	82.05
截面面积/cm²	13.82	14.70	15.46	16.21	19.16	20.00	20.85	21.84
编号	17	18	19	20	21	22	23	24
管径/mm	168	168	180	180	194	194	203	203
壁厚/mm	4.5	5.0	5.0	5.5	5.5	6.0	6.0	6.5
回转半径/cm	5.78	5.77	6.19	6.17	6.67	6.65	6.97	6.95
截面模量/cm³	92.02	101.33	117.02	127.64	149.26	161.57	177.64	191.02
截面面积/cm²	23.11	25.60	27.49	30.15	32.57	35.44	37.13	40.13

续表

编号	25	26	27	28	29	30	31	32
管径/mm	219	219	245	245	273	273	299	325
壁厚/mm	6.0	6.5	6.5	7.0	6.5	7.0	7.5	7.5
回转半径/cm	7.53	7.52	8.44	8.42	9.42	9.41	10.31	11.23
截面模量/cm^3	208.10	223.89	282.89	302.78	354.15	379.29	488.30	580.42
截面面积/cm^2	40.15	43.39	48.70	52.34	54.42	58.50	68.68	74.81

（3）约束条件

容许挠度、容许长细比、杆件强度与稳定性等按 GB 50017—2017 进行验算。

（4）优化参数设置

采用 GSL&PS-PGSA 进行单层网壳结构拓扑优化设计时，需设置一个初始生长点，即相应的初始结构，与一般的拓扑优化设计方法中的基结构不同，此初始结构仅作为结构拓扑优化设计的起点，可任意选取。

这里选取初始的环向分割数 K_n 为 40 份，环数 N_x 为 10 环，各组杆件的初始截面均为 20 号截面，相应的初始结构如图 7.19 所示，其总质量为 90.472t。以结构总质量最小为优化目标，生长点集合限定值 k 取 200，混合步长并行搜索中环向

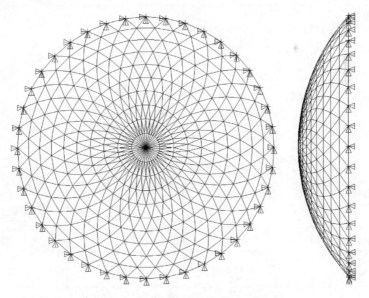

图 7.19　联方型单层网壳的初始结构模型

跨度 60m，矢高 12m，环向分割数 40 份，环数 10 环

杆件和径向杆件的截面尺寸设计变量的小步长取为 1，大步长取为可行域空间的 1/10，即 3，拓扑设计变量中环向分割数 K_n 的步长为 2，环数 N_x 的步长为 1。

（5）优化结果

采用 GSL&PS-PGSA 进行多次优化计算，限于篇幅，表 7.16 仅列出了其中的三种优化结果，其拓扑有一定差异，但结构用钢量较为接近，表明了该拓扑优化设计方法的稳定性较好；另外，由于空间结构的对称性、复杂性等，其最优拓扑具有多样性，即具有多个较优的拓扑。

在此基础上，根据《空间网格结构技术规程》（JGJ 7—2010）（以下简称《规程》）[14]的相关规定，对单层网壳进行整体稳定性验算。对上述三种最优拓扑进行弹塑性的全过程分析，采用结构的最低阶特征值屈曲模态作为初始几何缺陷的分布模式，缺陷最大值为跨度的 1/300，即 200mm。

表 7.16　联方型单层网壳拓扑与截面优化结果对比

	优化设计结果 1	优化设计结果 2	优化设计结果 3
跨度/m	60	60	60
矢高/m	12	12	12
矢跨比	1/5	1/5	1/5
环向分割数/份	28	30	34
环数/环	9	9	9
结构拓扑			
杆件数量/根	728	780	884
最外环向杆件长度/m	6.718	6.272	5.536
最小杆件长度/m	0.823	0.768	0.678
环向杆件截面编号（从内到外）	1, 5, 7, 8, 11, 15, 9, 10, 1	1, 2, 7, 8, 10, 13, 8, 9, 1	1, 1, 6, 7, 9, 11, 13, 7, 1
径向杆件截面编号（从内到外）	10, 10, 10, 11, 12, 12, 13, 15, 17	10, 10, 10, 11, 11, 12, 13, 14, 16	10, 10, 10, 10, 11, 12, 12, 13, 14
结构总质量/t	37.593	37.856	39.041

续表

	优化设计结果 1	优化设计结果 2	优化设计结果 3
最大竖向位移/mm	−31.9	−30.5	−27.5
最大压弯长细比	149.96	148.70	149.61
最大稳定应力/(N/mm²)	298.81	296.01	295.28
最大强度应力/(N/mm²)	121.75	139.60	143.27
弹塑性全过程分析的安全系数	2.47	2.43	2.41

从表 7.16 可知：

①三种联方型单层网壳的拓扑优化设计结果均能满足长细比、挠度、杆件强度及稳定性等要求，其中杆件长细比和稳定应力均接近限值，对材料的利用较为充分，说明在单层网壳中，杆件的稳定与长细比往往起控制作用。

②三种最优拓扑的结构最大竖向位移均远小于规范限值（150mm），说明结构具有较好的刚度。

③结构弹塑性全过程分析的安全系数分别为 2.47、2.43 及 2.41，均大于《规程》要求的 2.0，表明联方型网壳既可满足杆件强度及稳定性要求，也能满足结构整体稳定性要求。

④给定的荷载组合下，三种优化结果的总用钢量在 37—39t 之间，每平方米用钢量在 13.1—13.8kg 之间，在满足结构安全的基础上大大节省了用钢量。

因此，通过以上结果分析，可得出下列结论：

①采用基于 GSL&PS-PGSA 的网壳结构拓扑优化设计方法进行优化计算，实现结构拓扑与截面的一体化优化，优化效果明显。

②对于 60m 跨度、矢跨比为 1/5 的联方型单层网壳，其环数宜取 9 环左右，最外环环向杆件的长度宜取 5—7m，可为实际结构设计选型提供参考。

7.4.3　弦支穹顶结构拓扑优化设计

1. 基于 GSL&PS-PGSA 的弦支穹顶结构拓扑优化设计方法

弦支穹顶结构一般由上部的刚性网壳与下部的柔性索杆体系组成，因此其拓扑优化设计不仅要考虑上部网壳的拓扑，还要考虑下部索杆体系的拓扑，此外，弦支穹顶结构的性能还与其下部索杆体系的预应力密切相关，因此弦支穹顶结构的拓扑优化设计是一个复杂的多混合变量优化问题。

本节拟在 7.4.2 节网壳结构拓扑优化设计方法的基础上，结合弦支穹顶结构的特点，引入下部索杆体系拓扑变量 interval（即每圈索杆体系布置的间隔圈数），以考虑下部索杆体系的布置，同时引入弹性支座法[15]以确定拉索的初始预应力。

弹性支座法[15]借鉴了斜拉桥中对初始索力进行确定的刚性索法来对弦支穹顶结构进行预应力设计，当弦支穹顶结构具有合理的下部索杆体系布置时，在外荷载的作用下，下部索杆可看作刚度合理的弹性支座。采用弹性支座法来确定结构的预应力分布时，对结构下部索杆截面面积的预先假定值无特殊要求，且无需迭代求解，方便快捷。

由此，本节以结构总用钢量为目标，以上部网壳环向分割数 K_n、环数 N_x、各圈杆件的截面、索杆体系拓扑变量 interval 及各圈索杆的初始预应力等广义拓扑参数为设计变量，提出基于 GSL&PS-PGSA 的弦支穹顶结构拓扑优化设计方法，其原理及特点如下。

①对于弦支穹顶结构优化设计中不可避免的预应力的确定问题，为了减少设计变量的数目并提高优化效率，先在弦支穹顶结构的上部网壳和下部索杆体系的拓扑优化设计中采用弹性支座法初步确定拉索的初始预应力，后在确定弦支穹顶结构最优拓扑的基础上进行预应力的精细化优化以最终确定预应力的分布。

②其上部网壳的拓扑与截面优化设计，采用环向分割数 K_n 和环数 N_x 作为其拓扑变量，每圈环向杆件与径向杆件的截面作为尺寸设计变量。下部索杆体系，采用拓扑变量 interval，即索杆体系布置的间隔圈数，interval 的取值为[0, n]区间内的整数，其中 n 为索杆体系布置的最大间隔圈数，n 与上部网壳的环数有关，下部索杆体系以 interval 为间隔从外到内布置索杆。下部索杆体系拓扑变量与上部网壳环向分割数 K_n、环数 N_x、各圈杆件的截面一同构成广义拓扑参数，并基于 PGSA 的基本原理，将各广义拓扑参数形成统一的多维并行生长空间，并根据各生长点的形态素浓度大小来一致决定生长方向，从而实现整体结构拓扑与杆件截面的一体化同步优化。

③考虑到下部索杆体系的撑杆截面与拉索截面对结构性能的影响较小[16]，且撑杆与拉索均为轴心受力杆件，在弦支穹顶结构的上部网壳和下部索杆休系的拓扑优化设计过程中，由弹性支座法可同步确定拉索预应力，并由轴力反算获取索杆截面。

2. 算法流程

基于 GSL&PS-PGSA 的弦支穹顶结构拓扑优化设计方法的原理及特点，其计算流程如图 7.20 所示。相比于 7.2 节中基于 GSL&PS-PGSA 的结构优化方法及其流程，本节中提出的基于 GSL&PS-PGSA 的弦支穹顶结构拓扑优化设计方法及其流程主要有以下改变（虚线框内的为改变部分）。

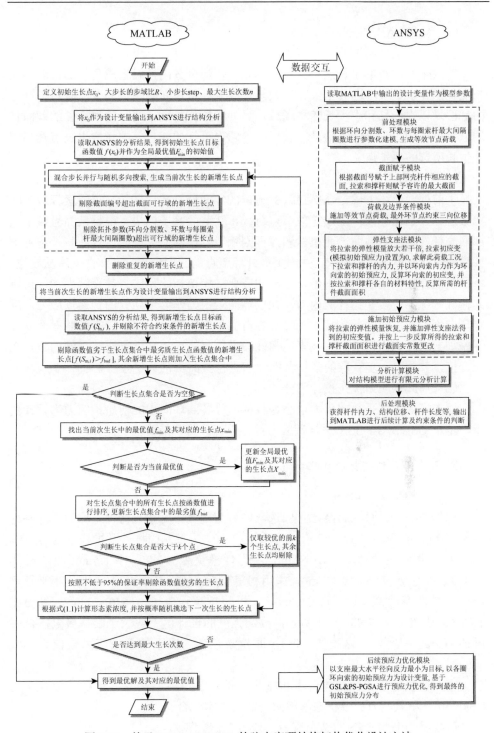

图 7.20　基于 GSL&PS-PGSA 的弦支穹顶结构拓扑优化设计方法

（1）MATLAB 部分

以当前次生长所选的生长点为基点，设计变量以大小步长变化，混合并行搜索当前次生长的新增生长点，并在此基础上，随机多向搜索生成多个随机新增生长点，拓扑参数（环向分割数、环数与每圈索杆最大间隔圈数）改变时每根杆件的截面均以大步长和小步长随机增减，另外在拓扑参数不变时每根杆件的截面也均以大步长和小步长随机增减，随后剔除超出可行域或重复的新增生长点及当前次生长所选的生长点。

（2）ANSYS 部分

①前处理模块。根据 MATLAB 输出的环向分割数、环数与每圈索杆最大间隔数进行参数化建模，生成等效节点荷载。②截面赋予模块。根据截面号赋予上部网壳杆件相应的截面，而拉索和撑杆则赋予容许的最大截面。③荷载及边界条件模块。施加等效节点荷载，并约束最外环节点的三向位移。④弹性支座法模块。将拉索的弹性模量放大若干倍，拉索初应变（模拟初始预应力）设置为 0，求解此荷载工况下拉索和撑杆的内力，并以环向索内力作为环向索的初始预应力，反算环向索的初应变，并按拉索和撑杆各自的材料特性，反算所需索杆截面面积。⑤施加初始预应力模块。将拉索的弹性模量恢复，施加弹性支座法得到的拉索初应变值，并按上一步获取的索杆截面面积进行截面实常数更改。

（3）后续预应力优化设计部分

以支座最大水平径向反力最小为目标，以各圈环向索的初始预应力为设计变量，基于 GSL&PS-PGSA 进行预应力优化设计，得到最终的初始预应力分布。

3. 弦支穹顶结构拓扑优化设计算例

（1）结构基本参数

根据 7.4.2 节的算例分析结果，选取联方型网壳作为弦支穹顶结构的上部刚性结构，跨度为 80m，矢高为 8m，矢跨比为 1/10。上部网壳杆件及撑杆采用 Q355B 钢管，其强度设计值 $f=310\text{N/mm}^2$，弹性模量 $E_1=2.06\times10^5\text{N/mm}^2$，泊松比 $\nu=0.3$，密度 $\rho=7.85\times10^3\text{kg/m}^3$，采用相贯节点连接；拉索采用 1670 级半平行钢丝束，弹性模量 $E_2=1.95\times10^5\text{N/mm}^2$，极限抗拉强度 $f_u=1670\text{N/mm}^2$，泊松比 $\nu=0.3$，密度为 $\rho=7.85\times10^3\text{kg/m}^3$，拉索强度的设计值不应大于索材极限抗拉强度的 40%—55%[17]，这里取 30%，即拉索在各工况下的最大应力限值为 501 N/mm^2。

永久荷载标准值（结构自重和屋面自重）取为 0.8kN/m²，活荷载标准值为 0.5kN/m²，承载能力极限状态考虑两种荷载基本组合。

荷载组合 1：1.35×永久荷载 + 1.4×0.7×活荷载。

荷载组合 2：1.2×永久荷载 + 1.4×活荷载。

相应地，正常使用极限状态采用以下荷载标准组合。

标准组合：1.0×永久荷载 + 1.0×活荷载。

（2）优化目标、设计变量及其可行域

拓扑优化设计时的目标：在满足所有约束条件的前提下，使得结构的总质量最小。

预应力优化设计时的目标：在满足所有约束条件的前提下，使得最大支座径向水平反力最小。

包含三类设计变量：拓扑设计变量、尺寸设计变量、预应力设计变量，其中拓扑设计变量包括单层球面网壳的环向分割数 K_n 和环数 N_x 及下部索杆体系拓扑变量 interval，尺寸设计变量包括杆件截面，预应力设计变量为各圈环向索的初始预应力。

为了确保最外圈环向杆件的长度的合理，限制其环向分割数 K_n 的可行域为 [24, 100]，且为了保持其对称性，K_n 的取值需为偶数。

对于单层网壳，采用等弧法确定每圈杆件的布置位置，为了保证径向杆件的长度合理，限制其环数 N_x 的可行域为 [4, 16]。

下部索杆体系拓扑变量 interval，即每圈索杆体系布置的间隔圈数，interval 的取值为 [0, n] 区间内的整数，其中 n 为索杆体系布置的最大间隔圈数，n 与上部网壳的环数 N_x 有关，由于 N_x 的最大取值为 16，为了保证最少布置两圈索杆体系，可得到 n 的最大取值为 6；同时考虑到联方型径向索的布置，interval 的取值也与环向分割数 K_n 有关。

许用截面库详见表 7.15，采用截面号代替杆件的截面尺寸作为设计变量，每个截面号对应截面库中的一种截面，并对单层球面网壳的杆件进行分组，每圈的环向杆件采用一种截面，每圈的径向杆件采用一种截面。由于环数 N_x 的最大取值为 16，因此本算例中设计变量的最大数量为 35 个，包括：3 个拓扑设计变量（K_n、N_x 和 interval）及 32 个尺寸设计变量。

下部索杆体系预应力采用弹性支座法初步确定，而撑杆和拉索的截面根据弹性支座法计算的内力进行反算，设定撑杆的最小截面为截面库中的最小截面（即管径 68mm，壁厚 3mm 的钢管），拉索的最小截面为 $\phi 5 \times 19$ 的平行钢丝束，为避免拉索松弛，其最小的初始预应力为 100kN。

在确定弦支穹顶结构最优拓扑的基础上进行预应力的精细化优化，以支座径向反力最小为目标，各圈环向索的初始预应力为设计变量进行优化，确定最终的初始预应力分布。

（3）约束条件

容许挠度、容许长细比、杆件强度与稳定性等按 GB 50017—2017 进行验算。

（4）优化参数设置

①弦支穹顶结构拓扑与截面优化设计。采用 GSL&PS-PGSA 进行弦支穹顶结构拓扑优化设计时，同样需设置一个初始生长点，即相应的初始结构。选取初始的环向分割数 K_n 为 44 份，环数 N_x 为 13 环，每圈索杆体系布置的间隔圈数 interval 为 0，各组杆件的初始截面均为 20 号截面，相应的初始结构如图 7.21 所示，初始结构总质量为 177.27t。以结构总质量最小为优化目标，生长点集合限定值 k 取 200，混合步长并行搜索中环向杆件和径向杆件的尺寸设计变量的小步长取为 1，大步长取为可行域空间的 1/10，即 3，拓扑设计变量中环向分割数 K_n 的步长为 2，环数 N_x 的步长为 1，每圈索杆体系布置的间隔圈数 interval 的步长为 1。

②弦支穹顶结构预应力优化设计。在确定弦支穹顶结构最优拓扑的基础上进行预应力的精细化优化，以支座最大径向水平反力最小为目标，以各圈环向索的初始预应力为设计变量，采用 GSL&PS-PGSA 进行优化计算，初始预应力的精度为 1kN，初始预应力的取值范围为 100—4000kN，生长点集合限定值 k 取 200，混合步长并行搜索中设计变量的小步长取为 1kN，大步长取为 30kN。

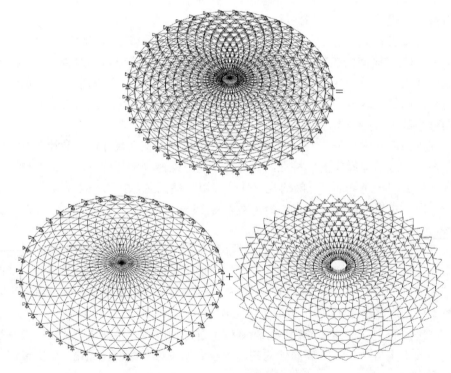

图 7.21　初始弦支穹顶结构模型

跨度 80m，矢高 8m，环向分割数 44 份，环数 13 环

（5）优化结果

与 7.4.2 节类似，采用 GSL&PS-PGSA 进行多次优化计算，限于篇幅，表 7.17 仅列出了其中的三种优化结果，结构拓扑有一定的差异，但结构用钢量较为接近，表明了该拓扑优化设计方法的稳定性较好。

表 7.17　联方型弦支穹顶结构拓扑、截面与预应力优化设计结果对比

	优化设计结果 1	优化设计结果 2	优化设计结果 3
跨度/m	80	80	80
矢高/m	8	8	8
矢跨比	1/10	1/10	1/10
环向分割数/份	38	40	42
环数/环	10	10	10
索杆布置间隔 interval	1	1	1
结构拓扑（整体结构、上部网壳、下部索杆体系）			
杆件总数量/根	1406	1480	1554
最外环向杆件长度/m	6.606	6.277	5.978
最小杆件长度/m	0.678	0.644	0.613
各圈撑杆的高度/m	4.771, 5.364, 5.923, 6.445	4.771, 5.364, 5.923, 6.445	4.771, 5.364, 5.923, 6.445
环向杆件截面编号（从内到外）	1, 1, 7, 7, 10, 11, 15, 17, 23, 1	1, 1, 6, 6, 9, 11, 14, 16, 23, 1	1, 1, 6, 6, 9, 10, 13, 15, 22, 1

	优化设计结果 1	优化设计结果 2	优化设计结果 3
径向杆件截面编号从内到外	30, 12, 12, 12, 13, 14, 15, 17, 17, 17	31, 12, 12, 12, 13, 13, 14, 16, 16, 17	28, 12, 12, 12, 13, 13, 14, 15, 15, 16
结构总质量/t	90.915	92.733	92.158
最大竖向位移/mm	−57.8	−52.5	−54.9
最大压弯长细比	149.79	149.26	148.77
最大稳定应力/（N/mm^2）	307.24	306.53	304.68
最大强度应力/（N/mm^2）	224.3	145.62	243.08
弹塑性全过程分析的安全系数	2.01	2.005	2.04
从内到外各圈环向索的初始预应力/kN	100, 333, 949, 2239	110, 265, 970, 2212	106, 341, 969, 2308
支座最大径向反力/kN	365.46	341.2	354.32

从表 7.17 可知：

①三种联方型弦支穹顶结构的拓扑优化设计结果均能满足长细比、挠度、杆件强度及稳定性等的要求，其中杆件长细比和稳定应力均较为接近规范限值，对材料的利用较为充分，说明在弦支穹顶结构中，杆件的稳定应力与长细比往往起控制作用。

②三种最优拓扑下最大竖向位移均远远小于规范限值（200mm），说明结构具有较好的刚度。

③三种最优拓扑下结构的支座最大径向反力在 340—370kN 之间，数值较小，对下部支承结构的要求降低。

④四圈环向索的初始预应力由内到外不断增大，其中外圈最大初始预应力分别为 2239kN、2212kN、2308kN，处于合理范围内，且三种最优拓扑下初始预应力分布规律较为一致。

⑤弹塑性全过程分析的安全系数均满足《规程》要求，说明联方型弦支穹顶既可满足杆件强度及稳定性要求，也能满足结构整体稳定性要求，适应大跨度的结构。

⑥给定的荷载组合下，三种优化结果的总用钢量在 90—93t 之间，每平方米用钢量在 17.9—18.5kg 之间，在满足结构安全的基础上大大节省了用钢量。

因此，通过以上结果分析，可得出以下结论：

①采用基于 GSL&PS-PGSA 的弦支穹顶结构拓扑优化设计方法进行优化计算，实现结构拓扑、杆件截面与拉索预应力的一体化优化，优化效果明显。

②对于跨度为 80m、矢跨比为 1/10 的联方型弦支穹顶结构，其环数宜取 10 环左右，最外环环向杆件的长度宜取 6—7m，可为实际结构设计选型提供参考。

参 考 文 献

[1] Shi K R，Ruan Z J，Jiang Z R，et al. Improved plant growth simulation & genetic hybrid algorithm（PGSA-GA）and its structural optimization[J]. Engineering Computations，2018，35（1）：268-286.

[2] 阮智健. 基于改进 PGSA 的预应力钢结构优化设计及其拉索索力识别方法研究[D]. 广州：华南理工大学，2015.

[3] 李永梅，张毅刚. 离散变量结构优化的 2 级算法[J]. 北京工业大学学报，2006，32（10）：883-889.

[4] 孙焕纯，柴山，王跃方. 离散变量结构优化设计[M]. 大连：大连理工大学出版社，1995.

[5] Schmit L A，Miura H. An advanced structural analysis/synthesis capability: ACCESS 2[J]. International Journal for Numerical Methods in Engineering，1978，12（2）：353-377.

[6] 江季松，叶继红. 遗传算法在单层球壳质量优化中的应用[J]. 振动与冲击，2009，28（7）：1-7.

[7] 付红军，潘励哲，林涛，等. 基于改进模拟植物生长算法的 PSS 与直流调制的协调优化[J]. 电力自动化设备，2013，33（11）：75-80.

[8] 柴山，石连栓，孙焕纯. 包含两类变量的离散变量桁架结构拓扑优化设计[J]. 力学学报，1999,31(5)：574-584.

[9] 姜冬菊，王德信. 离散变量桁架结构拓扑优化设计的混合算法[J]. 工程力学，2007（1）：112-116.

[10] 王跃方，孙焕纯. 多工况多约束下离散变量桁架结构的拓扑优化设计[J]. 力学学报，1995，27（3）：365-369.

[11] 朱朝艳，刘斌，张延年，等. 复合形遗传算法在离散变量桁架结构拓扑优化设计中的应用[J]. 四川大学学报（工程科学版），2004，36（5）：6-10.

[12] 陶振武. 基于群集智能的产品共进化设计方法研究[D]. 武汉：华中科技大学，2007.

[13] 朱朝艳，刘斌，郭鹏飞，等. 离散变量桁架结构拓扑优化的混合遗传算法[J]. 机械强度，2004,26(6)：656-661.

[14] 中国建筑科学研究院. 空间网格结构技术规程：JGJ 7—2010[S]. 北京：中国建筑工业出版社，2010.

[15] 郭佳民. 弦支穹顶结构的理论分析与试验研究[D]. 杭州：浙江大学，2008.

[16] 王仕统，薛素铎，关富玲，等. 现代屋盖钢结构分析与设计[M]. 北京：中国建筑工业出版社，2014：295-353.

[17] 北京工业大学，中国钢结构协会专家委员会. 预应力钢结构技术规程：CECS 212—2006[S]. 北京：中国计划出版社，2006.

第8章　基于融合生长空间限定与并行搜索的模拟植物生长算法的结构优化

8.1　基于融合生长空间限定与并行搜索的模拟植物生长算法

8.1.1　双生长点并行生长机制

根据 PGSA 基本原理，其模拟的植物生长过程从生长基点（种子）出发，即由初始生长点开始，长出茎和枝（生长点），再依据其向光性生长机理，生长出新的枝，如此反复。而植物实际生长过程中，除生长基点外，生长点并非逐个依次生长，通常是多个生长点同时生长。因此，双生长点并行生长机制正是基于植物的实际生长规律而提出。

双生长点并行生长机制基本思路如下：除首次迭代生长为同一初始生长点外，其后每一次生长均根据形态素浓度来随机选取两个较优的生长点进行并行生长搜索，每个生长点的选取均遵循随机挑选原则。

以下为双生长点并行生长机制的基本步骤。

令两初选生长点 $x_{\text{sel}-1,1} = x_{\text{sel}-2,1} = x_0$ 来进行首次迭代生长，其后每一次迭代生长均按下述步骤进行：

①先根据式（1.1）计算第 t 次生长后生长点集合 S_m 中 k 个生长点的形态素浓度并按概率来随机挑选用于下一次（$t+1$，t 为当前迭代次数）生长的第一个较优的生长点 $x_{\text{sel}-1,t+1}$；$x_{\text{sel}-1,t+1}$ 选择完成后，将其从生长点集合 S_m 中剔除，形成新的生长点集合 S_m^{new}。

②判断新的生长点集合 S_m^{new} 是否空集，若为空集，则令第二个选择的生长点 $x_{\text{sel}-2,t+1} = x_{\text{sel}-1,t+1}$，若不为空集，则根据式（8.1）计算生长点集合 S_m^{new} 中 k^* 个生长点的形态素浓度并按概率来随机挑选用于下一次（$t+1$）生长的第二个较优的生长点 $x_{\text{sel}-2,t+1}$，选择完成后，从生长点集合 S_m^{new} 删除 $x_{\text{sel}-2,t+1}$。两个生长点选择完成后，进入 $t+1$ 迭代生长。

$$P_{\text{m},i}^{\text{new}} = \frac{f(x_0) - f\left(S_{\text{m},i}^{\text{new}}\right)}{\sum\limits_{i=1}^{k^*}\left[f(x_0) - f\left(S_{\text{m},i}^{\text{new}}\right)\right]} \tag{8.1}$$

式中，$P_{m,i}^{new}$ 为生长点集合 S_m^{new} 中第 i 个生长点的形态素浓度；$f\left(S_{m,i}^{new}\right)$ 为生长点集合 S_m^{new} 中第 i 个生长点对应的函数值。

　　双生长点并行生长机制为两个生长点并行生长搜索，其单次迭代搜索路径变多，寻优方向增加，搜索覆盖面变广，因此算法陷入局部最优解的概率进一步降低，其具有更为强劲的全局搜索能力，能以更高的效率、更少的迭代生长来寻找全局最优解。此外，该机制由于每次迭代均会消耗生长点集合中的两个生长点，因此在算法找到全局最优解后，其能以更快的速度使生长点集合变为空集，进而使算法迭代终止，在一定程度上为算法提供了更为有效的终止机制。另外，基于现有常规计算机的数据处理能力，在算法中嵌入双生长点并行生长机制对单次迭代计算所需时间的影响较小。

8.1.2　迭代稳定性判断机制

　　PGSA、GSL&PS-PGSA 等 PGSA 系列算法存在因初始解不满足约束条件导致优化无法稳定运行的问题。对于初始解不满足约束条件的优化问题，算法往往首次生长得到的新增生长点均劣于初始解而被剔除，导致生长点集合无新生长点加入，优化迭代提前终止。为解决此不足，本章提出迭代稳定性判断机制，该机制包含两个方面：

　　①新增生长点剔除机制。在文献[1]的基础上，提取首次生长所得新增生长点集合中的最优生长点的函数值 $f_{\min,grow}^1$，将其与初始生长点函数值 $f(x_0)$ 比较，若 $f_{\min,grow}^1 > f(x_0)$，则在剔除劣质生长点时，将新增生长点剔除机制改为剔除生长点函数值 $f(S_{m,i})$ 劣于 j 倍生长点集合中最劣生长点函数值 f_{bad} 的生长点，即当 $f(S_{m,i}) > jf_{bad}$ 时，才剔除 $f(S_{m,i})$ 对应的生长点，经过大量计算对比，新增生长点剔除机制改进系数 j 可取为 1.5—2.0，这样既能使算法稳定运行，又不至于有过多劣质生长点加入生长点集合中；若 $f_{\min,grow}^1 \leq f(x_0)$，则不对新增生长点剔除机制进行改进。

　　②解的最大重复次数机制。算法即使进行了有效改进，其仍可能存在优化已找到全局最优解但需达到最大生长次数才终止的问题（生长点集合中源源不断地有新增生长点加入，优化无法终止），若新增生长点剔除机制进行了改进，则可能会加剧上述问题的发生。因此，本章引入解的最大重复次数机制以丰富算法的终止机制、提高算法的迭代终止能力，根据计算统计分析，解的最大重复次数 v 可取为 20—100，这样既可使优化在寻找到最优解后及时终止，也可避免因 v 取值过大而造成的计算资源浪费。

　　基于迭代稳定性判断机制，在优化初期可保留较多生长点，避免生长点集合形成空集，经数次生长即可跳出不满足约束条件的生长空间。另外，解的最大重复次数机制在一定程度上丰富了算法的终止机制，避免了可能存在的因新增生长点剔除机制的改进而导致优化无法终止的现象发生。

8.1.3　算法流程

本章在较为完善的 GSL&PS-PGSA 中引入双生长点并行生长机制及迭代稳定性判断机制，提出融合 GSL&PS-PGSA，其算法流程图如图 8.1 所示。

融合 GSL&PS-PGSA 主要对 GSL&PS-PGSA 进行了以下改进：

①引入双生长点并行生长机制，除首次迭代生长为同一初始生长点搜索外，其后每一次生长均根据形态素浓度来随机选取两个较优的生长点来进行并行生长搜索，每个生长点的选取均遵循随机挑选原则。

②引入迭代稳定性判断机制，对初始解不满足约束条件的优化问题，优化初期保留较多劣质生长点，以避免生长点集合形成空集，保证优化稳定运行，同时通过解的最大重复次数机制来解决可能存在的优化无法终止的问题。

相比于 GSL&PS-PGSA，融合 GSL&PS-PGSA 具有以下特点：

①双生子点并行生长机制的引入，使得优化更加贴近植物的实际生长规律。

②采用双生长点并行生长搜索，能显著增加单次迭代搜索的路径及寻优方向，同时让搜索的覆盖面变广，降低了算法陷入局部最优解的概率，提高了算法的全局搜索能力，使算法能以更高的效率、更少的迭代生长来寻找全局最优解。

③双生长点并行生长机制，其每次迭代均会消耗生长点集合中的两个生长点，在算法找到全局最优解后，能以更快的速度使生长点集合变为空集，进而使算法迭代终止，在一定程度上为算法提供了有效的终止机制。

④对初始解不满足约束条件的优化问题，迭代稳定性判断机制能使优化跳出不满足约束条件的生长空间，同时能够避免可能存在的优化无法终止的现象发生。

8.1.4　优化效果分析

1. 单峰函数问题

1）单峰函数问题优化效果

数学算例 3：

$$f(x) = (x_1 + 3)^2 + (x_2 - 2)^2$$

式中参数与 7.1.4 节均一致。

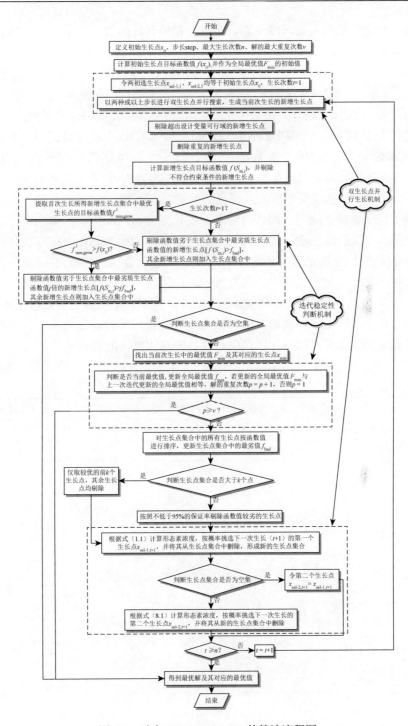

图 8.1　融合 GSL&PS-PGSA 的算法流程图

假定初始生长点为 $x_0 = (9, -7)$，对应的初始目标函数值为 $f(x_0) = 225$。采用融合 GSL&PS-PGSA 及 GSL&PS-PGSA 对算例 3 进行优化研究，最大生长次数设为 2000，大步长为 4，小步长取为精度要求的 0.1，则步域比 R 为 1/10，生长点集合限定值 k 取为 10[1]，优化结果如下。

由表 8.1 及图 8.2 可知，融合 GSL&PS-PGSA 能以较快的速度寻找到最优解，仅需迭代生长 34 次，而 GSL&PS-PGSA 则需迭代生长 71 次才寻找到最优解，嵌入新机制使得算法的生长次数减少了 52.1%，从计算的总运行时间来看，GSL&PS-PGSA 计算总耗时为 0.471s，而融合 GSL&PS-PGSA 则为 0.184s，相比减少了 60.9%。上述结果表明嵌入新机制的 GSL&PS-PGSA 能有效地改善算法的搜索效率及全局搜索能力。此外，嵌入双生长点并行生长机制的算法在搜索到全局最优解后，仅经过 9 次迭代生长就终止，而 GSL&PS-PGSA 则在寻找到最优解后，需要再经过 18 次迭代生长才终止；此结果表明，新机制能为算法提供有效的终止机制。此外，从生长次数、总耗时的对比情况可知，两种算法的单次迭代生长耗时差别不大，其表明，在数学算例优化中，基于计算机强大的数据处理能力，嵌入双生长点并行生长机制对算法的单次迭代生长所需时间影响不大，因此，在后文的数学优化算例对比中，通过生长次数来对比算法的优化效率。

表 8.1　算法的优化效果对比

	找到全局最优解所需生长次数/次	算法终止次数/次	总运行时间/s
融合 GSL&PS-PGSA	34	41	0.184
GSL&PS-PGSA	71	90	0.471

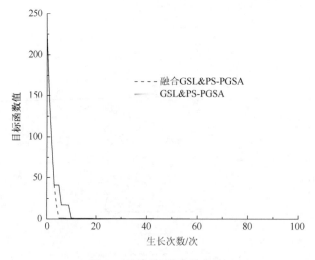

图 8.2　目标函数变化曲线

上述研究结果表明，双生长点并行生长机制能够提高算法的搜索效率及全局搜索能力，并为算法提供有效的终止机制。

2）生长点集合限定值、步域比对新机制优化效果的影响

为更为充分、客观地评判新机制的优化效果，以及了解生长点集合限定值、步域比对新机制的优化效果影响，分别采用两种算法对上述单峰函数算例进行优化研究。

（1）生长点集合限定值对新机制优化效果的影响

分别采用生长点集合限定值 k 取为 10、20、50、100、200 的两种算法对上述单峰函数算例进行优化研究，其余参数不变，每种取值均重复计算 50 次（每次计算均能得到全局最优解），优化研究结果如下。

从图 8.3 可见，两种算法在处理优化问题时，其迭代生长收敛次数均会随着生长点集合限定值 k 的增大而增加；生长点集合限定值 k 小于 50 时，两种算法处理优化问题的平均生长次数均随着生长点集合限定值 k 的增大呈现近乎线性的增长；生长点集合限定值 k 大于 50 时，GSL&PS-PGSA 的平均生长次数趋于较为平缓的增长，而融合 GSL&PS-PGSA 则在生长点集合限定值 k 为 50—100 之间仍有明显的增长趋势，其后才趋于较为平缓的增长。总体上，融合 GSL&PS-PGSA 的平均生长次数明显低于 GSL&PS-PGSA。

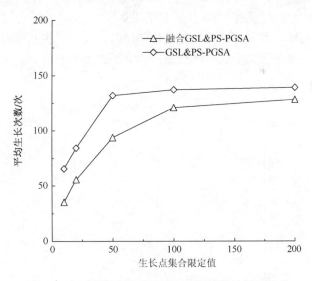

图 8.3　生长点集合限定值对新机制优化效果的影响

从表 8.2 的搜索效率对比可见，不同生长点集合限定下，融合 GSL&PS-PGSA 的搜索效率均有一定幅度提升；生长点集合限定值 k 为 10 时，其搜索效率提升最

为显著，提升了 46.4%，随着生长点集合限定值 k 的增大，其搜索效率提升有所下降，搜索效率提升量最低为生长点集合限定值 k 为 200 时的 7.9%，其主要原因是优化问题较为简易，设计变量少，当生长点集合规模越来越大时，由于设计变量少及较多生长点存在生长点集合中，两种方法搜索到比前一次最优解更优的最优解所需的生长次数慢慢接近，进而在整个优化过程中，两种方法的优化效率差异变小。

表 8.2　不同生长点集合限定值下算法的搜索效率对比

生长点集合限定值	平均生长次数/次		搜索效率提高百分比/%
	GSL&PS-PGSA	融合 GSL&PS-PGSA	
10	66	35	46.4
20	84	56	33.9
50	132	94	29.0
100	137	121	11.9
200	139	128	7.9

（2）步域比对新机制优化效果的影响

类似地，分别采用步域比 R 取为 1/40、1/20、1/10、3/20、1/5 的两种算法对上述单峰函数算例进行优化研究，其余参数不变，每个取值均重复计算 50 次（每次计算均能得到全局最优解），优化研究结果如下。

从图 8.4 可知，两种算法在处理优化问题时，其迭代生长收敛次数均会随着步域比 R 的增大先轻微减少后逐渐增加；步域比 R 大于 1/10 时，两种算法处理优

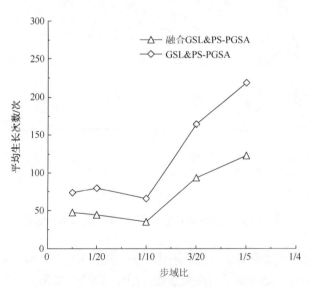

图 8.4　步域比与平均生长次数的关系曲线

化问题的平均生长次数均随着步域比 R 的增大而迅速增加；步域比 R 小于 1/10 时，两种算法的平均生长次数较为平缓，无明显变化。总体上，融合 GSL&PS-PGSA 的平均生长次数明显低于 GSL&PS-PGSA。

从表 8.3 的搜索效率对比可见，不同步域比下，融合 GSL&PS-PGSA 的搜索效率均有一定幅度提升，提升幅度维持在 35%—45%间，最大为 46.4%，表明步域比 R 对新机制的优化效率影响较小。

总体而言，融合 GSL&PS-PGSA 在搜索效率方面的优势较为明显。

表 8.3　不同步域比下算法的搜索效率对比

步域比	平均生长次数/次		搜索效率提高百分比/%
	GSL&PS-PGSA	融合 GSL&PS-PGSA	
1/40	74	47	35.5
1/20	79	44	44.1
1/10	66	35	46.4
3/20	164	93	43.0
1/5	219	123	43.9

2. 复杂数学问题

从数学算例 3 的优化结果可以看出，新机制在处理简单的优化问题具有较好的效果，其全局搜索能力强、搜索效率高，但其在处理复杂、多变量优化问题时的效果还有待进一步研究，为此，本节采用融合 GSL&PS-PGSA 和 GSL&PS-PGSA 对复杂数学问题——多变量的 Rosenbrock 函数进行优化研究。

（1）Rosenbrock 函数问题优化效果

Rosenbrock 函数[2]由 Rosenbrock 于 1960 年提出，该函数为一非凸函数，常用于测试优化算法的性能，其多变量拓展形式（多变量的 Rosenbrock 函数）如下：

$$f_{\min}(\overline{x}) = \sum_{i=1}^{N-1}\left[100(x_{i+1} - x_i^2)^2 + (1 - x_i)^2\right]$$

式中，$\overline{x} = (x_1, x_2, x_3, \cdots, x_N)$，$N$ 为设计变量数目；函数的理论最小值为 $f(\overline{x}) = 0$，相对应的理论最优解为 $x_i = 1.0$，$i = 1, 2, 3, \cdots, N$。多变量的 Rosenbrock 函数的全局最优点位于一个平滑狭长的抛物线形峡谷内。当采用算法对其进行优化时，由于函数仅仅为优化算法提供了少量信息，使算法很难辨别搜索方向，找到全局最优解的难度大，因此，多变量的 Rosenbrock 函数通常用来评价优化算法的执行效率。

为更好地考察算法的优化效率，对多变量的 Rosenbrock 函数进行一定偏移形成数学算例 7，采用融合 GSL&PS-PGSA 和 GSL&PS-PGSA 对数学算例 6 进行优化研究，以验证融合 GSL&PS-PGSA 的优化效果及其处理复杂优化问题的能力。

数学算例 7：

$$f_{\min}(x) = \sum_{i=1}^{N-1} \left\{ 100 \left[(x_{i+1} - 0.5) - (x_i - 0.5)^2 \right]^2 + \left[1 - (x_i - 0.5) \right]^2 \right\}$$

式中，$f(x)$ 为目标函数，$\overline{x} = (x_1, x_2, x_3, \cdots, x_N)$，$x_1, x_2, x_3, \cdots, x_N$ 为优化问题的设计变量，其可行域为 $[-0.7, 1.7]$，N 为设计变量数目。以求 $f(x)$ 的最小值为优化目标，设计变量的精度要求为 0.1，显然，该函数为一多维变量复杂函数，当设计变量数目 N 大于 2 个时，其函数图形无法描绘，其理论最优解位于狭长峡谷中的某一点，由函数结构可知，目标函数的理论最小值为 $F_{\min} = 0$，相对应的理论最优解为 $x_i = 1.5$，$i = 1, 2, 3, \cdots, N$。图 8.5 为 $N = 2$ 时的目标函数三维图，存在两个局部最优解分别为 $x_{\min 1} = (0.7, 0.5)$、$x_{\min 2} = (-0.4, 1.3)$，对应的函数值分别为 $f(x_{\min 1}) = 0.8$、$f(x_{\min 2}) = 3.62$，由此可知，当设计变量数目 N 增加时，目标函数的局部最优解数量将十分庞大，算例 2 的复杂程度将会大增。

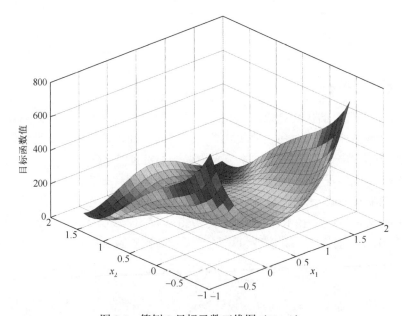

图 8.5　算例 2 目标函数三维图（$N = 2$）

采用融合 GSL&PS-PGSA 及 GSL&PS-PGSA 对数学算例 7 进行优化研究，设计变量数目 N 的取值为 7，则生长空间（可行域）中的生长点约有 25^7 个，假定初始生长点为 $x_0 = (1, 1, 1, 1, 1, 1, 1)$，对应的初始目标函数值为 $f(x_0) = 39$。步长取为精度要求的 0.1，最大生长次数设为 2000，生长点集合限定值 k 取为 100[1]。优化结果如下。

由图 8.6 及表 8.4 可见，融合 GSL&PS-PGSA 能以较快的速度寻找到最优解，仅需迭代生长 292 次，而 GSL&PS-PGSA 则需迭代生长 528 次才寻找到最优解，嵌入新机制使得算法的搜索效率提升了 44.7%，表明在处理复杂优化问题方面，新机制同样能有效的改善算法的搜索效率及全局搜索能力。此外，嵌入双生长点并行生长机制的算法在搜索到全局最优解后，仅经过 57 次迭代生长就终止，而 GSL&PS-PGSA 则在寻找到最优解后，需要再经过 409 次迭代生长才终止；由此表明，新机制能为算法提供有效的终止机制。

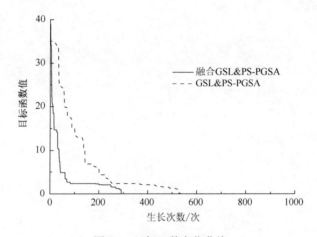

图 8.6   目标函数变化曲线

表 8.4   算法的搜索效率对比

	找到全局最优解所需生长次数/次	算法终止次数/次
融合 GSL&PS-PGSA	292	349
GSL&PS-PGSA	528	937

从研究结果可知，双生长点并行生长机制在处理多设计变量复杂优化问题时，同样能够提高算法的搜索效率，且相对于简单优化问题（数学算例 3），其提升效果更为显著。

（2）优化复杂程度（设计变量数目）对新机制优化效果的影响

为进一步了解新机制处理大规模复杂优化问题的能力，针对上述数学问题进行不同设计变量数目影响的优化对比研究。设计变量数目 N 的取值分别为 5、7、10、15、20，不同设计变量数取值均重复计算多次，取 30 次得到全局最优解的结果进行分析，优化结果如下。

从图 8.7 可见，两种算法在处理复杂优化问题时，其迭代生长收敛次数均会随着设计变量的增多而增加；其中，GSL&PS-PGSA 的迭代生长收敛次数增幅较大，融合 GSL&PS-PGSA 则趋于较为平缓的增长，其平均生长次数明显低于 GSL&PS-PGSA。从表 8.5 的搜索效率对比可见，不同设计变量下，融合 GSL&PS-PGSA 的搜索效率均有一定幅度提升；设计变量数目为 20 个时，其搜索效率提升最为显著，提升了 53.7%；其总体趋势是随着设计变量数目的增加，搜索效率逐渐提升。由此表明，融合 GSL&PS-PGSA 处理复杂优化问题的能力明显优于 GSL&PS- PGSA；相比融合 GSL&PS-PGSA，GSL&PS-PGSA 的搜索能力会随着优化问题复杂程度的增加而下降。

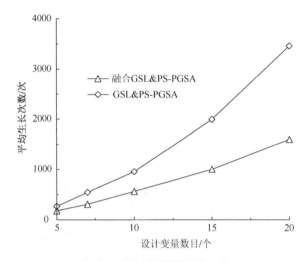

图 8.7　平均生长次数随设计变量数目的变化曲线

表 8.5　不同设计变量数目下算法的搜索效率对比

设计变量数目/个	平均生长次数/次		搜索效率提高百分比/%
	GSL&PS-PGSA	融合 GSL&PS-PGSA	
5	265	178	32.9
7	543	307	43.6
10	958	563	41.2
15	1998	1006	49.7
20	3462	1602	53.7

在此基础上，对设计变量数目 N 为 7 个、10 个、15 个的函数进行 50 次样本计算，记录获得全局最优解的次数，以考察算法的全局搜索能力及稳定性，计算结果如表 8.6 所示。由表 8.6 可知，嵌入新机制的融合 GSL&PS-PGSA 获得全局

最优解的概率均大于 GSL&PS-PGSA，其表明新机制增加了算法的搜索路径、寻优方向及搜索覆盖面，在一定程度上降低了算法陷入局部最优解的概率，增强了算法的全局搜索能力、搜索效率及稳定性。同时，从表 8.6 可看出，算法获得全局最优解的概率受设计变量数目、函数本身及算法类型等因素的多重影响，相比而言，融合 GSL&PS-PGSA 的全局搜索能力及稳定性较为突出。

　　综合上述分析可知，融合 GSL&PS-PGSA 在处理多设计变量的复杂优化问题时，由于其搜索路径、寻优方向多及搜索覆盖面广，其能以较快的搜索效率寻找到全局最优解且相对稳定。可见，融合 GSL&PS-PGSA 在处理大规模复杂优化问题时具有较为明显的优势。

表 8.6　不同设计变量数目下算法得到全局最优解的概率

设计变量数目/个	GSL&PS-PGSA		融合 GSL&PS-PGSA	
	获取全局最优解次数/次	概率	获取全局最优解次数/次	概率
7	26	0.52	33	0.66
10	31	0.62	47	0.94
15	31	0.62	37	0.74

8.2　桁架结构截面优化设计

8.2.1　十杆平面桁架

　　采用 3.3 节的十杆平面桁架的结构算例，采用融合 GSL&PS-PGSA 对上述结构进行截面优化设计，设计变量为各杆件的截面编号，约束条件为节点位移限值、杆件容许应力及杆件截面号范围。为与文献[1]的 GSL&PS-PGSA 所得结果及其原始数据进行对比，生长点集合限定值为 200，大、小步长分别为 13、1，各杆件的初始截面均取为 30[1]，初始结构总质量为 4.577t。两种方法对应的优化过程对比如图 8.8 所示。

　　由图 8.8 可知，从整个优化历程来看，融合 GSL&PS-PGSA 始终以较快的速度向最优解逼近，而 GSL&PS-PGSA 在优化中期显得有所乏力。GSL&PS-PGSA 迭代生长收敛于第 587 次，终止于第 614 次，计算总耗时 4054s，对应最优解为 1.956t；而融合 GSL&PS-PGSA 则迭代生长收敛于第 330 次，终止于第 356 次，计算总耗时 2350.5s，对应最优解为 1.950t。在寻优能力上，融合 GSL&PS-PGSA 搜索到最优解所需生长次数比 GSL&PS-PGSA 少 43.78%，总耗时比 GSL&PS- PGSA 少 42.02%，且得到的最优解比 GSL&PS-PGSA 所得结果[1]少 6.6kg。由此可见，本章提出的双生长点并行生长机制较好地提高了算法的搜索效率及全局搜索能力。此外，从生长次数、总耗时的对比情况可知，两种算法的单次迭代生长耗时差别不大，因此，在后文的结构优化设计算例对比中，仅通过生长次数来对比算法的改进效率。

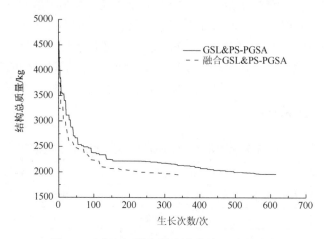

图 8.8　十杆平面桁架截面优化设计过程对比

根据融合 GSL&PS-PGSA 所得结果，工况一下最大竖向位移出现在节点 2，为 –50.8mm，最大应力出现在杆件 1，为 51.02N/mm^2；工况二下最大竖向位移出现在节点 4，为 –34.7mm，最大应力出现在杆件 5，为 169.77N/mm^2。由此表明，采用融合 GSL&PS-PGSA 所得结果可满足优化问题的约束条件。

融合 GSL&PS-PGSA 与其他方法所得优化结果对比如表 8.7 所示。

表 8.7　十杆平面桁架截面结构质量优化结果对比

		融合 GSL&PS-PGSA	二级优化法	相对差商法	连续变量法
截面面积/cm^2	杆件 1	167.7	187.1	200.0	151.9
	杆件 2	0.645	19.350	0.645	0.645
	杆件 3	96.75	103.20	141.90	163.10
	杆件 4	90.30	83.85	103.20	92.62
	杆件 5	19.350	6.450	0.645	0.645
	杆件 6	0.645	12.900	0.645	12.710
	杆件 7	12.90	41.93	19.35	79.92
	杆件 8	129.00	96.75	148.40	82.64
	杆件 9	135.5	122.6	141.9	131.2
	杆件 10	0.645	25.800	0.645	0.645

续表

	融合 GSL&PS-PGSA	二级优化法	相对差商法	连续变量法
最大位移/mm	−50.8	−50.2	−44.3	−50.7
最大应力/(N/mm²)	169.77	161.10	−123.57	−170.25
结构质量/t	1.950	2.117	2.245	2.123

　　由表 8.7 可以看出，相比二级优化法[3]、相对差商法[4]及连续变量法[5]所得优化结果，融合 GSL&PS-PGSA 所得结果较其减少了约 8%—15%的用钢量。因此，融合 GSL&PS-PGSA 的优化效果更加显著，其全局搜索能力更为卓越。

8.2.2　二十五杆空间桁架

　　二十五杆空间桁架[6]，如图 8.9 所示，为一输电塔结构，共有 10 个节点，25 根杆件，各杆件的弹性模量 $E = 68.96\text{GPa}$，密度 $\rho = 2770.5\text{kg}/\text{m}^3$。杆件分组及单元编号见表 8.8，各杆件的许用应力见表 8.9。位移约束为节点 1、2 的 x、y、z 三向位移均不超过 $\pm 8.89\text{mm}$。荷载工况如表 8.10 所示。

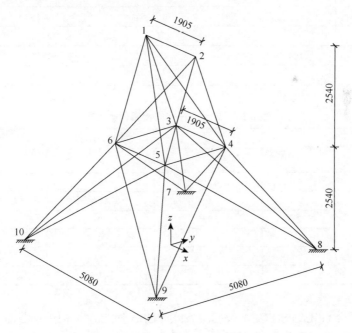

图 8.9　二十五杆空间桁架（单位：mm）

表 8.8　杆件编号及分组

杆件组	杆件编号
①	1–2
②	1–4、2–3、1–5、2–6
③	2–5、2–4、1–3、1–6
④	3–4、5–6
⑤	3–6、4–5
⑥	3–10、6–7、4–9、5–8
⑦	3–8、4–7、6–9、5–10
⑧	3–7、4–8、5–9、6–10

注：杆件编号 1—2 指代的杆件由节点 1、2 连接而成，其他杆件编号类似。

表 8.9　杆件容许应力

杆件组	容许压应力/(N/mm²)	容许拉应力/(N/mm²)
①	−242.04	275.90
②	−79.94	275.90
③	−119.36	275.90
④	−242.04	275.90
⑤	−242.04	275.90
⑥	−46.62	275.90
⑦	−46.62	275.90
⑧	−76.44	275.90

表 8.10　二十五杆空间桁架荷载工况

工况	加载节点号	荷载分量/kN		
		p_x	p_y	p_z
1	1	4.450	44.5	−22.25
	2	0	44.5	−22.25
	3	2.225	0	0
	6	2.225	0	0
2	1	0	89.0	−22.25
	2	0	−89.0	−22.25

　　采用融合 GSL&PS-PGSA 及 GSL&PS-PGSA 对上述结构进行截面优化设计，所采用的杆件截面库如表 8.11 所示。设计变量为每组杆件的截面编号，约束条件为节点位移、杆件容许应力及杆件截面号范围。两种算法的生长点集合限定值均

为 200，大、小步长均为 3、1，最大生长次数均为 1000，新增生长点剔除机制改进系数均为 2.0，解的最大重复次数 v 均为 150。为能更好地与其他优化方法进行对比，各杆件的初始截面均取为 12.671cm²[6]，初始结构总质量为 0.295t。

表 8.11 二十五杆空间桁架许用截面库

序号	截面面积/cm²	序号	截面面积/cm²	序号	截面面积/cm²
1	0.774	7	6.542	13	21.483
2	1.355	8	7.742	14	34.839
3	2.142	9	9.032	15	44.516
4	3.348	10	10.839	16	52.903
5	4.065	11	12.671	17	60.258
6	4.632	12	14.581	18	65.226

该算例初始结构不满足位移约束条件，引入迭代稳定性判断机制，融合 GSL&PS-PGSA 及 GSL&PS-PGSA 均能稳定运行，两种方法的优化结果如下，其优化过程如图 8.10 所示。

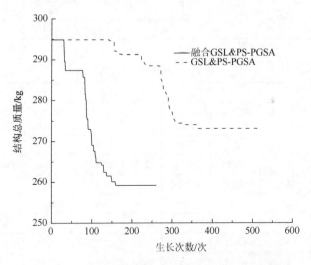

图 8.10 二十五杆空间桁架截面优化设计过程对比

由图 8.10 可知，两种算法在嵌入迭代稳定性判断机制后，优化均能正常运行，但迭代生长初期，融合 GSL&PS-PGSA 仅需迭代生长 30 次就能够跳出不满足约束条件的生长区域，而 GSL&PS-PGSA 则需迭代生长 140 次。从该结果可知，融合 GSL&PS-PGSA 的全局搜索能力要优于 GSL&PS-PGSA。迭代生长中、后期，融合 GSL&PS-PGSA 的目标函数值下降速率明显要快于 GSL&PS-PGSA。

从整个优化历程来看，融合 GSL&PS-PGSA 的搜索效率、全局搜索能力均明显优于 GSL&PS-PGSA。GSL&PS-PGSA 迭代生长收敛于第 365 次，对应最优解为 0.273t，迭代生长终止于第 515 次，而融合 GSL&PS-PGSA 迭代生长则收敛于第 160 次，对应最优解为 0.259t，迭代生长终止于第 260 次。在寻优能力上，融合 GSL&PS-PGSA 搜索到最优解所需生长次数比 GSL&PS-PGSA 少 56.16%，且得到的最优解比 GSL&PS-PGSA 优 5.4%。由此可见，本章提出的双生长点并行生长机制较好地提高了算法的搜索效率及全局搜索能力，而迭代稳定性判断机制则较好地弥补了 PGSA 系列算法难以适用于初始结构不满足优化约束条件的缺陷。

根据融合 GSL&PS-PGSA 所得的优化结果，两种工况下的节点位移如表 8.12 所示，各杆件的截面及轴向应力如表 8.13 所示。

表 8.12　控制节点的位移

工况1	控制节点	节点1			节点2		
	位移/mm	x	y	z	x	y	z
		0.43	8.82	−0.51	0.68	8.82	−0.77
工况2	控制节点	节点1			节点2		
	位移/mm	x	y	z	x	y	z
		−0.25	8.65	−0.66	0.25	−8.65	−0.66

表 8.13　各杆件的应力

杆件编号	工况1		工况2		杆件编号	工况1		工况2	
	截面面积/cm²	轴向应力/(N/mm²)	截面面积/cm²	轴向应力/(N/mm²)		截面面积/cm²	轴向应力/(N/mm²)	截面面积/cm²	轴向应力/(N/mm²)
1-2	0.774	9.15	0.774	17.76	1-4	10.839	−19.83	10.839	−52.94
1-5	10.839	11.55	10.839	50.73	2-3	10.839	−16.26	10.839	50.73
2-6	10.839	15.12	10.839	−52.94	2-5	21.483	17.72	21.483	−42.66
2-4	21.483	−28.31	21.483	32.51	1-3	21.483	−26.84	21.483	−42.66
1-6	21.483	19.20	21.483	32.51	3-4	0.774	−6.59	0.774	−3.86
5-6	0.774	−3.24	0.774	−3.86	3-6	0.774	−2.57	0.774	−1.40
4-5	0.774	−0.57	0.774	−1.40	3-10	6.542	−23.08	6.542	−14.97
6-7	6.542	17.99	6.542	7.57	4-9	6.542	−25.35	6.542	7.57
5-8	6.542	15.72	6.542	−14.97	3-8	12.671	−24.14	12.671	−41.89
4-7	12.671	−23.61	12.671	33.36	6-9	12.671	14.72	12.671	33.36
5-10	12.671	15.25	12.671	−41.89	3-7	14.581	−38.69	14.581	−8.21
4-8	14.581	−43.71	14.581	−4.24	5-9	14.581	26.45	14.581	−8.21
6-10	14.581	31.47	14.581	−4.24					

从表 8.12 及表 8.13 可知,工况 1 下节点 1 和节点 2 的 y 向位移最大,为 8.82mm,各杆件应力远小于限值;而工况 2 下节点 1 的 y 向位移最大,为 8.65mm,杆件 3-8、5-10 的轴向应力为–41.89N/mm^2,接近限值–46.62N/mm^2,其余杆件应力均较小。因此,两种荷载工况下,节点位移及杆件应力均在限值范围内,满足约束条件,工况 1、2 的位移均接近限值 8.89mm,杆件应力仅工况 2 下的杆件 3-8、5-10 接近容许应力–46.62N/mm^2,由此表明,融合 GSL&PS-PGSA 所得优化结果合理、有效。

融合 GSL&PS-PGSA 所得优化结果对应的各组杆件截面面积 A_1—A_8 分别为 0.774cm^2、10.839cm^2、21.483cm^2、0.774cm^2、0.774cm^2、6.542cm^2、12.671cm^2、14.581cm^2,相应的结构模型截面示意图如图 8.11 所示,从图中的截面分布可见,抵抗型骨架(斜向杆件)的截面面积相对较大,而水平向杆件的截面则较小。从结构受力角度来看,优化后的截面分布较为合理。

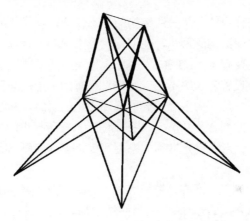

图 8.11　优化的二十五杆空间桁架截面示意图

将融合 GSL&PS-PGSA 与其他方法的优化结果进行对比,如表 8.14 所示。由表 8.14 可看出,融合 GSL&PS-PGSA 所得优化结果比初始结构轻约 12.11%,相比序列两级算法[4],融合 GSL&PS-PGSA 所得的结果较其减轻了约 8.14%,相比蚁群算法[6],融合 GSL&PS-PGSA 所得的优化结果同样优秀,结构质量较其减轻了约 3.64%。由此表明,融合 GSL&PS-PGSA 的优化效果及全局搜索能力更胜一筹。

表 8.14　二十五杆空间桁架截面结构质量优化结果对比

	截面面积/cm^2								结构质量/t
	A_1	A_2	A_3	A_4	A_5	A_6	A_7	A_8	
初始	12.671	12.671	12.671	12.671	12.671	12.671	12.671	12.671	0.295
文献[4]	1.355	12.671	21.483	1.355	1.355	6.542	14.581	14.581	0.282

	截面面积/cm²								结构质量/t
	A_1	A_2	A_3	A_4	A_5	A_6	A_7	A_8	
文献[6]	1.355	10.839	21.483	0.774	0.774	3.348	12.671	21.483	0.269
本书	0.774	10.839	21.483	0.774	0.774	6.542	12.671	14.581	0.259

8.3　空间结构形状优化设计

8.3.1　常规空间网格结构形状优化设计

1. 基于融合 GSL&PS-PGSA 的空间网格结构形状优化设计方法

工程结构形状优化设计着重关注结构的形态特征,其优化的基本思路是:在限定的优化条件下,改变结构的形状,使结构的形态优越且合理。目前空间网格结构形状优化设计方法主要有 GA、PSO 及基于灵敏度分析的方法等,但这些方法总体存在计算烦琐、参数设置复杂等不足,此外,已有的关于空间网格结构(桁架)形状与截面组合优化的方法,大多采用分层循环优化的思路,其在一定程度上割裂了结构形状与截面之间的耦合关系[4,7-9]。相比而言,本章所提出的融合 GSL&PS-PGSA 则具有参数设置简单、对不确定性、病态型等优化设计问题具有适应性好、搜索能力强等优势。

为此,本节针对网架、网壳、桁架等常规空间网格结构的形状优化设计问题,提出基于融合 GSL&PS-PGSA 的空间网格结构形状优化设计方法。

基于融合 GSL&PS-PGSA 的空间网格结构形状优化方法,其特点如下。

①目前空间网格结构形状优化设计方法,如基于灵敏度分析的方法,其优化一般是以节点坐标作为连续设计变量。与之不同的是,本章所提出的形状优化设计方法将节点坐标这一连续设计变量离散化处理。针对空间网格结构,其形状设计变量节点坐标的变化范围并不大,离散网格精度容易满足需求。因此,在满足精度的前提下,凭借融合 GSL&PS-PGSA 的强大搜索机制可轻松处理离散生长空间。此外,本章所提出的形状优化设计方法无需推导复杂的应变能灵敏度、约束函数等公式,其将设计变量、目标函数及约束条件等分开处理,可同时处理多种约束条件、设计变量等。

②本章所提出的形状优化设计方法对优化的初始结构无过多限制条件,迭代稳定性判断机制,可有效避免初始优化条件不合理造成的优化不稳定。

1) 优化模型

采用融合 GSL&PS-PGSA 来实现对结构的形状优化设计,需要将优化问题转化为数学模型来求解，优化数学模型通常包括设计变量、目标函数及约束条件等。

结构形状优化设计的数学模型可表示为：

$$\text{寻找}\quad x = (x_1,\ x_2, \cdots,\ x_n)$$
$$f_{\min}(x)$$
$$\text{s.t.}\quad g_i(x) \leqslant 0, i = (1, 2, \cdots, m)$$
$$h_i(x) = 0, i = (m+1, m+2, \cdots, p)$$
$$x_{i,\min} \leqslant x_i \leqslant x_{i,\max}, i = (1, 2, \cdots, n)$$

（8.2）

式中，x 为形状设计变量集合，x_i 为形状设计变量，n 为形状设计变量数目；$f(x)$ 为形状优化设计目标函数；$g_i(x)$、$h_i(x)$ 分别为形状优化设计的不等式、等式约束条件，m、$p\text{-}m$ 为其对应条件数目；$x_{i,\min}$、$x_{i,\max}$ 分别为形状设计变量的下、上限。

进一步地，结构形状与截面组合优化的数学模型可表示为：

$$\text{寻找}\quad x = (x_1, x_2, \cdots, x_n),\ \overline{x} = (\overline{x}_1, \overline{x}_2, \cdots, \overline{x}_k)$$
$$f_{\min}(x, \overline{x})$$
$$\text{s.t.}\quad g_i(x, \overline{x}) \leqslant 0, i = (1, 2, \cdots, m)$$
$$h_i(x, \overline{x}) = 0, i = (m+1, m+2, \cdots, p)$$
$$x_{i,\min} \leqslant x_i \leqslant x_{i,\max}, i = (1, 2, \cdots, n)$$
$$\overline{x}_{i,\min} \leqslant \overline{x}_i \leqslant \overline{x}_{i,\max}, i = (1, 2, \cdots, k)$$

（8.3）

式中，$\overline{x}$ 为截面设计变量集合，$\overline{x}_i$ 为截面设计变量，k 为截面设计变量数目；$f(x, \overline{x})$ 为形状与截面组合优化目标函数；$g_i(x, \overline{x})$、$h_i(x, \overline{x})$ 分别为组合优化的不等式、等式约束条件，m、$p\text{-}m$ 为其对应条件数目；$\overline{x}_{i,\min}$、$\overline{x}_{i,\max}$ 分别为截面设计变量的下、上限，其余参数同式（8.2）。

2）目标函数的选择

对于空间网格结构的形状优化设计，其出发点是寻求合理的结构形态，以改善结构的经济性、安全性等。因此，空间网格结构形状优化设计一般选取与结构造价、力学性能相关的指标作为优化目标。

结构造价与结构的总质量密切相关，在满足结构力学性能的前提条件下，控制结构的总质量即控制了建造成本，以结构的总质量最小作为优化目标，能够使结构更为经济，且不失安全性。结构总质量目标函数可表示为：

形状优化设计：

$$W = \sum_{i=1}^{e} \rho_i A_i l_i(x)$$

（8.4）

形状与截面组合优化：

$$W = \sum_{i=1}^{e} \rho_i A_i(\overline{x}) l_i(x)$$

（8.5）

式中，W 为结构总质量；e 为结构杆件数目；ρ_i 为第 i 根杆件的材料密度；A_i 为第 i 根杆件的截面面积；$A_i(\bar{x})$ 为第 i 根杆件关于截面设计变量集合 $\bar{x}$ 的截面面积；$l_i(x)$ 为第 i 根杆件关于形状设计变量集合 x 的长度。

力学性能指标主要包括结构屈曲特征值、稳定承载力、容许长细比、容许应力、容许挠度、杆件弯矩之和及应变能等。

结构特征值屈曲分析的理论基础为小位移线性理论，其以结构初始构型为参考构型，结构的实际变形通常会在分析过程中被忽略，分析所得的结构屈曲特征值一般会高于结构实际承载力[10]。结构的稳定承载力通过非线性屈曲分析得到，由于计算较为复杂，一般不作为直接的目标函数，可用作约束条件或优化前后结构的性能对比依据。长细比、应力、位移只能反映结构的局部性能，多作为约束条件处理。

杆件弯矩之和可作为曲面壳体或拱状结构的力学性能指标，众所周知，这类结构合理受力应是以轴力为主，即结构为一形效结构，因此以杆件弯矩之和最小作为优化目标可反映结构的整体受力状态。

总体而言，对于空间网格结构，结构整体应变能可以很好地反映结构的整体力学性能指标。当结构处于弹性小变形工作状态时，其整体应变能可表示为：

$$C = \frac{1}{2} \boldsymbol{P}^{\mathrm{T}} \boldsymbol{U} \tag{8.6}$$

式中，C 为结构应变能；$\boldsymbol{P}$ 为结构外荷载向量；$\boldsymbol{U}$ 为结构的节点位移向量。从上式可知，在荷载不变的情况下，结构的应变能与节点位移成正比，应变能、节点位移与结构刚度是紧密关联的。在相同荷载作用下，结构整体应变能越小，结构抵抗外力做功的能力就越强，即结构的刚度越大。由应变能与结构刚度的关联性可推断出应变能与结构的稳定性同样紧密关联。因此，以结构整体应变能最小作为优化目标，可较好地反映结构的力学性能。

综上，本章的空间网格结构形状优化设计，主要采用结构总质量、杆件弯矩之和及结构整体应变能最小作为优化目标。

3）设计变量与约束条件的选择

结构形状优化设计的设计变量一般为结构的节点坐标或能反映结构形状的几何参数等，对于空间网格结构形状优化设计，通常选取节点坐标作为设计变量，调整结构的节点坐标能够直接改变结构的形态；对于形状与截面组合优化，设计变量还应包括杆件的截面面积等截面特性。

空间网格结构形状优化设计的约束条件应根据设计限制、现行规范[11-13]等来选取。

2. 算法流程

本章采用 MATLAB 和 ANSYS 相互自动调用的方式来实现基于融合 GSL& PS-PGSA 的空间网格结构形状优化设计方法，优化流程如图 8.12 所示。

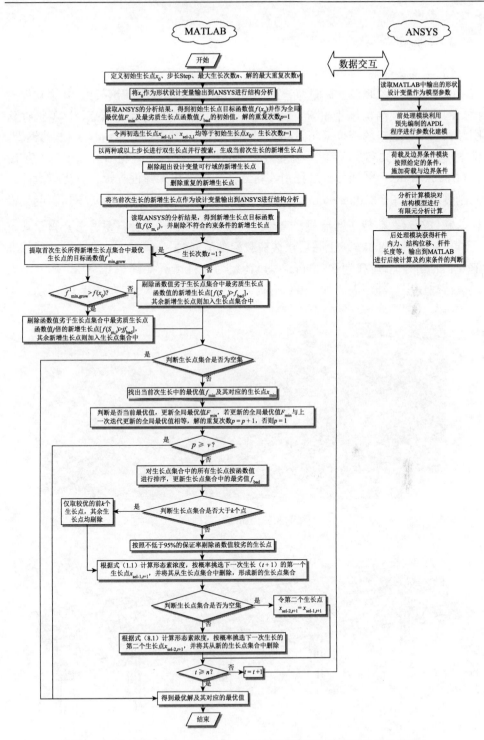

图 8.12　基于融合 GSL&PS-PGSA 的空间网格结构形状优化设计流程

3. 平板网架形状优化设计算例

1）结构参数

某加油站（图 8.13）罩棚为一正方四角锥平板网架结构，网架由 10 根立柱支撑，网架模型及结构尺寸如图 8.14 所示。网架节点均为螺栓球节点，网架构件除图 8.14（b）中加粗的杆件采用 A60×3.5 的钢管外，其余均采用 A48×3.5 的钢管，钢材材质为 Q235B，弹性模量 $E = 2.06×10^5$ MPa，泊松比 $\nu = 0.3$，密度 $\rho = 7850$kg / m^3。网架分析过程中，将立柱支撑简化为弹性支撑，各支撑点的三向刚度均为 $k_x = 0.830$kN / mm、$k_y = 0.830$kN/mm、$k_z = 1.0×e^{10}$kN / mm。网架设计荷载包括永久荷载、活荷载及风荷载，永久荷载包括杆件自重、节点自重（每个节点的质量约 8.5kg）、上弦层永久荷载标准值 0.5 kN/m^2 及下弦层永久荷载标准值 0.1 kN/m^2，活荷载为 0.5 kN/m^2，风荷载为 0.5 kN/m^2，考虑正负压。网架考虑温度荷载作用，环境温差为 ±30℃。荷载组合与原设计一致，如表 8.15 所示。

图 8.13　加油站罩棚

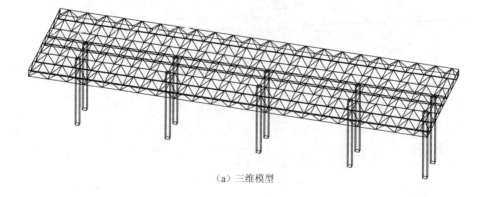

（a）三维模型

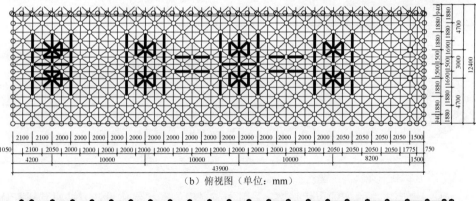

（b）俯视图（单位：mm）

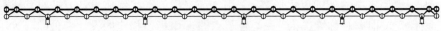

（c）正视图

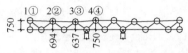

（d）左视图（单位：mm）

图 8.14　加油站罩棚网架结构

表 8.15　加油站罩棚网架优化设计荷载组合

类别	组合编号	组合
基本组合	1	1.35 永久荷载
	2	1.20 永久荷载 + 1.40 活荷载
	3	1.20 永久荷载 + 1.40 风荷载
	4	1.20 永久荷载 + 1.40 活荷载 + 0.84 风荷载
	5	1.20 永久荷载 + 1.40 温度荷载（+30℃）
	6	1.20 永久荷载 + 1.40 温度荷载（−30℃）
	7	1.20 永久荷载 + 1.40 活荷载 + 1.20 温度荷载（+30℃）
	8	1.20 永久荷载 + 1.40 活荷载 + 1.20 温度荷载（−30℃）
	9	1.20 永久荷载 + 1.40 风荷载 + 1.20 温度荷载（+30℃）
	10	1.20 永久荷载 + 1.40 风荷载 + 1.20 温度荷载（−30℃）
标准组合	11	1.0 永久荷载 + 1.0 活荷载
	12	1.0 永久荷载 + 1.0 风荷载
	13	1.0 永久荷载 + 1.0 温度荷载（+30℃）
	14	1.0 永久荷载 + 1.0 温度荷载（−30℃）
	15	1.0 永久荷载 + 1.0 温度荷载（+30℃）+ 0.7 活荷载
	16	1.0 永久荷载 + 1.0 温度荷载（−30℃）+ 0.7 活荷载
	17	1.0 永久荷载 + 1.0 温度荷载（+30℃）+ 0.6 风荷载

类别	组合编号	组合
标准组合	18	1.0 永久荷载 + 1.0 温度荷载（-30℃）+ 0.6 风荷载
	19	1.0 永久荷载 + 1.0 活荷载 + 0.6 温度荷载（+30℃）
	20	1.0 永久荷载 + 1.0 活荷载 + 0.6 温度荷载（-30℃）
	21	1.0 永久荷载 + 1.0 风荷载 + 0.6 温度荷载（+30℃）
	22	1.0 永久荷载 + 1.0 风荷载 + 0.6 温度荷载（-30℃）

2）形状优化设计参数

为探索该罩棚网架的更优形态，采用本节提出的形状优化设计方法对其进行优化，设计变量根据对称性选为 1—4 号节点的 z 坐标，相应的设计变量编号为①—④，如图 8.14（d）所示，①、④号设计变量变化范围为 0.4—0.8m，②、③号设计变量变化范围为 0.4—0.7m，优化目标为结构应变能最小，初始结构应变能为7786.3J，总质量为12.872t。约束条件包括容许挠度、容许长细比、杆件强度与稳定性等[11-12]，容许挠度偏安全地取为左端悬挑跨度的 1/125，即 4200/125 = 33.6mm，容许应力为215 N/mm²，受拉杆件容许长细比为250，受压杆件则为180。所用方法的生长点集合限定值取为 100，解的最大重复次数为 250，最大生长次数为 1000，新增生长点剔除机制改进系数为 1.5，大步长取为 0.01m，小步长为精度要求的 0.001m。

3）形状优化设计结果

优化过程中结构的应变能变化如图 8.15 所示。由图 8.15 可知，优化初、中期，结构应变能下降较快，在迭代生长 160 次后结构应变能下降缓慢，表明优化已基

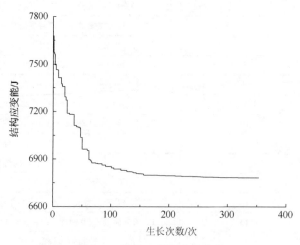

图 8.15　结构应变能变化曲线

本锁定最优解所在区间，进入收敛阶段。优化最终所得的结构应变能为 6782.92J，较初始结构下降了 12.9%，相应的最优解（①—④号设计变量）分别为 0.584m、0.700m、0.699m、0.800m。此外，优化所得结构对应的总质量为 12.854t，与初始结构差别不大。

结构优化过程如图 8.16 所示，优化前后的结构形状对比如图 8.17 所示。由图 8.15—图 8.17 可知，结构优化设计初、中期，结构上弦层的中部及中侧部在逐渐上拱，同时伴随着两侧边的上升、下挠，初、中期应变能下降较快，结构优化设计到第 160 次时，已基本锁定最优解所在范围，结构优化设计后期，上弦层两侧边逐渐下挠，应变能下降较缓，最终收敛于第 325 次，所得结构与初始结构相比，结构的上弦层两侧下挠，中部上拱，形成一定的坡度。上述结果表明，在限定的坐标变化范围内，优化的趋势是使结构形成一形效结构。

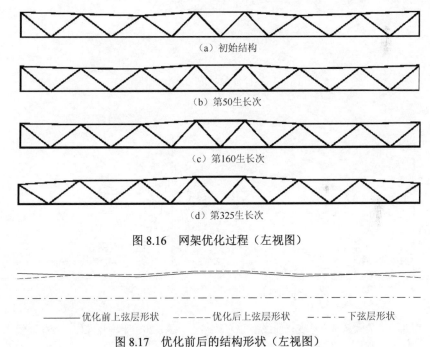

（a）初始结构

（b）第50生长次

（c）第160生长次

（d）第325生长次

图 8.16　网架优化过程（左视图）

———— 优化前上弦层形状　————— 优化后上弦层形状　— · — · — 下弦层形状

图 8.17　优化前后的结构形状（左视图）

优化过程中，基本组合作用下的结构杆件最大应力变化如图 8.18 所示，标准组合作用下的节点最大竖向位移、节点平均竖向位移变化分别如图 8.19、图 8.20 所示。

由图 8.18 可知，优化初期，结构杆件最大应力出现上下浮动现象，但总体趋势下降，随着优化的进行，杆件的最大应力在逐渐减小，表明形状优化设计使结构的受力状态得到改善，提高了结构的承载能力。由图 8.19 及图 8.20 可以看出，整个优化过程中，节点最大竖向位移及节点平均竖向位移均在逐渐下降，表明结构的刚度得到提高。

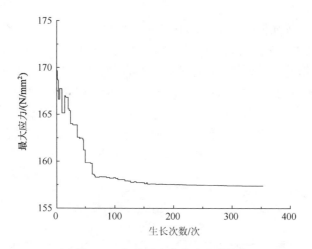

图 8.18　杆件最大应力变化曲线

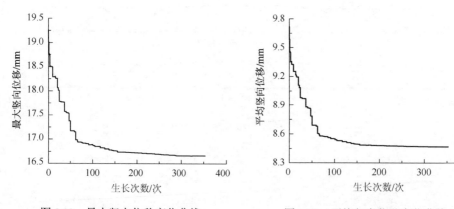

图 8.19　最大竖向位移变化曲线　　　　　图 8.20　平均竖向位移变化曲线

　　优化前后结构的性能对比如表 8.16 所示。由表 8.16 可知，优化后，网架杆件的最大强度应力、最大稳定应力分别为 157.4N/mm²、148.6N/mm²，相比于优化前，其分别下降了 6.9%、10.8%，在刚度方面，结构节点最大竖向位移、节点平均竖向位移分别为 16.7mm、8.5mm，较优化前分别下降了 13.5%、12.4%。经过形状优化设计，结构的承载力、刚度均得到有效改善。

表 8.16　优化前后结构的性能对比

指标	优化前（initial）	优化后（opt）
结构应变能/J	7786.30	6782.92
杆件最大强度应力/(N/mm^2)	169.1	157.4
杆件最大稳定应力/(N/mm^2)	166.5	148.6
节点最大竖向位移/mm	19.3	16.7
节点平均竖向位移/mm	9.7	8.5

注：$\eta = (\text{initial} - \text{opt})/\text{initial} \times 100\%$

综上分析，可得出以下结论：

①经过形状优化设计，网架结构的应变能、杆件应力、节点竖向位移等均有一定幅度的下降，表明本节形状优化设计方法能够有效提高结构的承载力及刚度，改善结构的受力性能。

②本节提出的形状优化设计方法能够处理多荷载工况、多约束条件的结构优化设计问题，且能够实现与结构设计接轨的形状优化设计。

4. 凯威特型网壳形状优化设计

1）结构参数

以实际工程中常用的凯威特（K8）型网壳作为优化案例。初始结构跨度为 60m，矢跨比为 1/6，如图 8.21 所示，初始结构杆件统一采用 A168×5.0 钢管，相贯节点

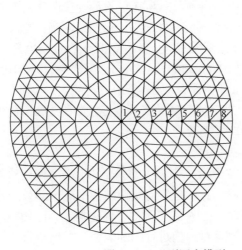

图 8.21　K8 型网壳模型

连接。钢材材质均为 Q355B，弹性模量 $E = 2.06 \times 10^5 \text{N/mm}^2$，密度 $\rho = 7850 \text{kg/m}^3$。结构边界条件为外圈节点固定铰支座，支座离地高度 15m，结构所处地区的地面粗糙度为 B 类，基本风压为 0.5kN/m²。

　　结构承受的荷载包括永久荷载、活荷载及风荷载，永久荷载标准值（包括结构自重及屋面自重）为 0.80kN/m²，活荷载为 0.50kN/m²，结构风振系数偏安全地取为 1.8，体型系数均取为 1.0，相应的风荷载标准值为 1.25kN/m²[13-15]，忽略优化过程中结构的改变对风荷载标准值的影响。考虑的荷载组合如表 8.17 所示。

表 8.17　K8 型网壳优化荷载组合

类别	组合编号	组合
基本组合	1	1.3 永久荷载 + 1.5 活荷载
	2	1.0 永久荷载 + 1.5 风荷载
	3	1.3 永久荷载 + 1.5 活荷载 + 0.9 风荷载
	4	1.30 永久荷载 + 1.50 风荷载 + 1.05 活荷载
标准组合	5	1.0 永久荷载 + 1.0 活荷载
	6	1.0 永久荷载 + 1.0 风荷载
	7	1.0 永久荷载 + 1.0 活荷载 + 0.6 风荷载
	8	1.0 永久荷载 + 1.0 风荷载 + 0.7 活荷载

　　2）形状优化设计参数

　　采用本节提出的形状优化设计方法对上述网壳进行形状优化设计，设计变量根据对称性选为 1—8 号节点的 z 坐标（图 8.21），设计变量变化范围为 0—15m（相对于最外圈节点），优化目标为结构应变能最小，初始结构应变能为 27 555.4J，结构总质量为 62.54t。约束条件包括容许挠度、容许长细比、杆件强度与稳定性等[11-12]，容许挠度为跨度的 1/400，即 60 000/400 = 150mm，容许应力为 310N/mm²，受拉杆件容许长细比为 250，受压杆件则为 150。所用方法的大、小步长分别为 0.1m、0.01m，生长点集合限定值取为 100，解的最人重复次数为 250，最大生长次数为 1000，新增生长点剔除机制改进系数为 1.5。

　　3）形状优化设计结果

　　结构的优化过程如图 8.22 所示，其与文献[16]基于高度调整法的凯威特网壳形状优化设计算例的过程相似，总体趋势均是使结构形成一形效结构，验证了本节形状优化设计结果的合理性。由图 8.22 可知，优化初期，结构逐渐上拱，迭代生长达到 150 次后，优化主要是对结构进行细部调整，最终所得结构较为光顺、优美，优化过程中，第 10 生长次、第 50 生长次、第 150 生长次及最终结构的结构顶点高度分别为 10.99m、13.93m、13.74m、13.62m。

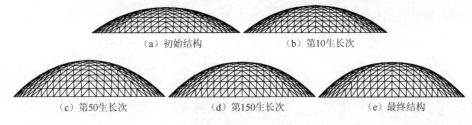

（a）初始结构　　　　　　　　　　（b）第10生长次

（c）第50生长次　　　　　（d）第150生长次　　　　　（e）最终结构

图 8.22　网壳优化过程

优化过程中结构的应变能变化如图 8.23 所示,结构质量变化如图 8.24 所示。由图 8.23 可知,优化初、中期,结构应变能下降较快,在第 150 生长次后结构应变能下降变缓,表明优化进入收敛阶段。优化最终所得的结构应变能为 16 934.5J,较初始结构下降了 38.5%,相应最优解为 13.620m、13.478m、12.964m、11.991m、10.534m、8.580m、6.159m 及 3.251m。由图 8.24 可知,优化过程中,结构质量发生了变化,优化后,结构质量虽然增加了 5.4%,但结构应变能产生大幅度下降。

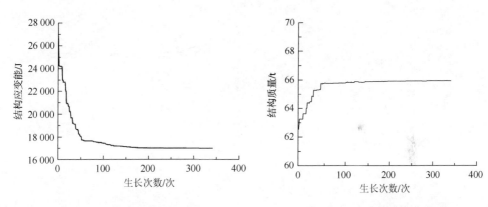

图 8.23　结构应变能变化曲线　　　　　图 8.24　结构质量变化曲线

优化过程中,节点最大竖向位移变化曲线如图 8.25 所示,节点平均竖向位移变化曲线如图 8.26 所示,杆件最大应力变化曲线如图 8.27 所示,杆件平均应力变化曲线如图 8.28 所示。

由图 8.25 及图 8.26 可知,优化过程中,节点最大竖向位移受结构整体变化影响,产生一定的波动,但其总体呈下降趋势,而节点平均竖向位移则逐渐下降,表明结构的刚度得到提升。

由图 8.27 可知,优化过程中,结构杆件最大应力出现上下浮动现象,但总体趋势是下降的,随着优化的进行,杆件的最大应力在逐渐减小。由图 8.29 可知,优化过程中,杆件平均弯曲应力基本无明显变化,始终处于低应力水平,其主要原因是该网壳结构以轴向受力为主，而杆件的平均组合应力、平均轴向应力则下降明显。上述结果表明形状优化设计使结构的受力状态得到改善。

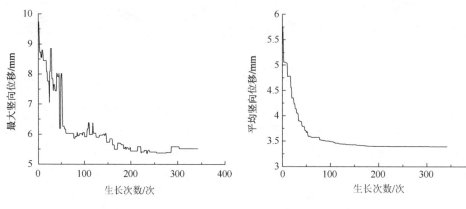

图 8.25　最大竖向位移变化曲线　　　　　图 8.26　平均竖向位移变化曲线

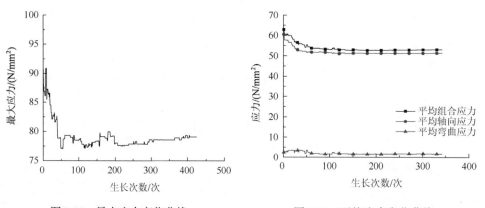

图 8.27　最大应力变化曲线　　　　　图 8.28　平均应力变化曲线

综上分析，经过形状优化设计，网壳结构的承载力及刚度等均得到了提高。

4) 极限承载力分析

为充分了解形状优化设计对结构极限承载力的影响，分别对初始结构、第 10 生长次、第 50 生长次、第 150 生长次及最终结构进行静力稳定性分析，考虑几何、材料非线性，钢材采用双线性等向强化本构模型。根据规范[11]，取荷载组合 5 进行稳定性分析，并考虑初始几何缺陷影响，缺陷幅值取结构跨度 L 的 1/300。静力稳定性分析所得的荷载–位移曲线如图 8.29 所示。

由图 8.29 可知，随着形状优化设计的进行，结构的极限承载力在不断提高，优化进行到第 150 生长次后，节点坐标虽无大幅度变化，但经过细部调整，结构的极限承载力得到了进一步提高。另外，从各生长次的曲线变化规律可知，在达到极限承载力之前，荷载-位移曲线的斜率随着优化的进行逐渐增大，表明结构刚度得到提高。由此可知，本节形状优化设计方法能够较好地提高结构的整体稳定性。

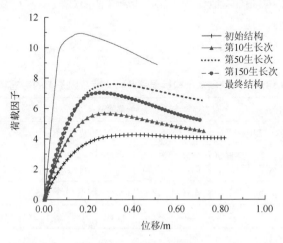

图 8.29　荷载-位移曲线

为进一步对比优化前后的结构对缺陷的敏感性，对初始结构及最终结构进行多种缺陷幅值作用下的双重非线性分析，所考虑的缺陷幅值包括跨度的 1/1000、1/800、1/500、1/300 及 1/200。稳定性分析结果如图 8.30、图 8.31 所示。

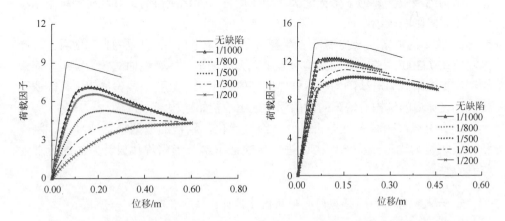

图 8.30　缺陷对初始结构的极限承载力影响　　图 8.31　缺陷对最终结构的极限承载力影响

图 8.30、图 8.31 分别为不同缺陷幅值作用下的初始结构、最终结构的荷载-

位移曲线。由图 8.30 可知，随着缺陷幅值的加大，初始结构的极限承载力（荷载因子）迅速下降，下降幅度大，且从曲线的斜率变化可见，缺陷幅值的增加，对结构刚度削弱较为显著，荷载-位移曲线变得越来越平缓。而对于形状优化设计所得的最终结构，由图 8.31 可知，缺陷幅值的增大同样会降低结构的极限承载力，但相比初始结构而言，其下降幅度不明显，从曲线的变化规律可看出，在达到临界承载力之前，不同缺陷幅值作用下的荷载-位移曲线段基本重合，表明结构的刚度受缺陷影响较小。

不同缺陷幅值作用下的结构极限承载力（荷载因子）对比如表 8.18 所示。

表 8.18　几何缺陷对结构极限承载力（荷载因子）的影响对比

	缺陷幅值										
	无缺陷	$L/1000$		$L/800$		$L/500$		$L/300$		$L/200$	
	荷载因子	荷载因子	下降幅度/%	荷载因子	下降幅度/%	荷载因子	下降幅度/%	荷载因子	下降幅度/%	荷载因子	下降幅度/%
初始结构	9.06	7.10	21.6	6.55	27.7	5.28	41.7	4.52	50.1	4.31	52.4
最终结构	13.92	12.23	12.1	12.05	13.4	11.60	16.7	10.93	21.5	10.31	25.9

由表 8.18 可知，当缺陷幅值为 $L/1000$、$L/800$、$L/500$、$L/300$、$L/200$ 时，初始结构的极限承载力（荷载因子）分别较无缺陷结构的极限承载力（荷载因子）下降了 21.6%、27.7%、41.7%、50.1%、52.4%，而优化后的最终结构则分别下降了 12.1%、13.4%、16.7%、21.5%、25.9%，由此表明，初始结构对几何缺陷较敏感，结构的极限承载力下降幅度大，相比而言，优化所得的最终结构的极限承载力则受缺陷影响较小。

图 8.32 为根据表 8.18 绘制的敏感性曲线，由图 8.32 可更为直观地看出，缺陷幅值在 $L/300$ 之前，初始结构极限承载力对缺陷的敏感性曲线较为陡峭，而最终结构极限承载力对缺陷的敏感性曲线则较为平缓，且两曲线偏离较大，表明形状优化设计后的结构对缺陷的敏感程度远小于初始结构。

综合上述静力稳定性分析可知，经过优化，结构的缺陷敏感性降低，刚度和极限承载力均得到提高，由此进一步验证了本节形状优化设计方法的合理性与有效性。

5. 六点支撑三向网格型网壳形状优化设计

1）结构参数

为进一步验证本节形状优化设计方法处理大型复杂结构优化设计问题（多设

计变量）的适用性及有效性，选取与文献[16]相似的六点支撑三向网格型网壳作为优化案例。如图 8.33 所示，网壳 x、y 向跨度分别为 60.00m、51.96m，初始结构顶点高度为 15.00m，杆件统一采用 A299×8.0 钢管，相贯节点连接。钢材材质均为 Q355B，弹性模量 $E = 2.06 \times 10^5 \text{N/mm}^2$，密度 $\rho = 7850 \text{kg/m}^3$。结构边界条件为 6 个底层角点的固定铰支座。结构承受的荷载考虑永久荷载、活荷载，永久荷载为结构自重及 0.50kN/m^2，活荷载为 0.50kN/m^2，优化考虑的荷载组合为：1.0 永久荷载（含结构自重）＋1.0 活荷载。

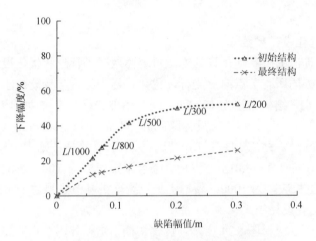

图 8.32　结构极限承载力对缺陷的敏感性

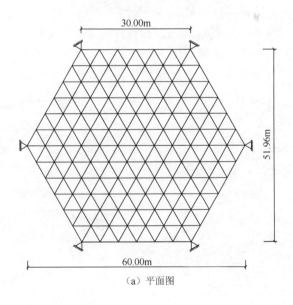

（a）平面图

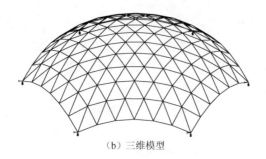

（b）三维模型

图 8.33　六点支撑网壳模型

2）形状优化设计参数

采用本节提出的形状优化设计方法对上述网壳进行形状优化设计，设计变量为除支座节点外的所有节点的 z 坐标，优化目标为结构应变能最小，初始结构应变能为 12 527.6J，结构自重为 107.83t。约束条件包括容许挠度、容许长细比、杆件强度与稳定性等[11-12]，容许挠度为跨度的 1/400，即 60 000/400 = 150mm，容许应力为 310 N/mm²，受拉杆件容许长细比为 250，受压杆件则为 150。所用方法的大、小步长分别为 0.1、0.01m，生长点集合限定值取为 100，解的最大重复次数为 250，最大生长次数为 1000，新增生长点剔除机制改进系数为 1.5。

3）形状优化设计结果

结构的优化过程如图 8.34 所示，优化初期，结构外围节点率先上拱，随着优化的进行，结构节点上拱范围逐渐内移且上拱幅度越来越明显，迭代生长达到 200 次后，优化主要是对结构进行细部调整，最终所得结构边缘上翘，造型较为光顺、优美。该算例优化所得的最终结构与文献[17]采用向量式有限元法找形所得结果（图 8.35）及文献[16]基于高度调整法的六点支撑网壳形状优化设计结果（图 8.36）具有高度相似性，从而验证了本章形状优化设计方法及其优化结果的合理性。

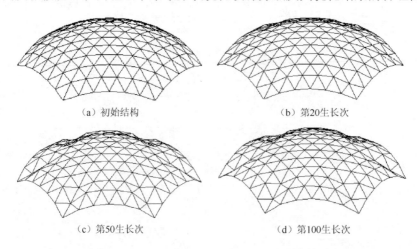

（a）初始结构　　　　　　　　　　（b）第20生长次

（c）第50生长次　　　　　　　　　　（d）第100生长次

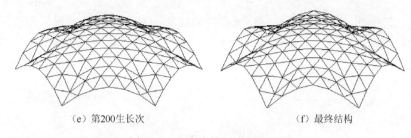

（e）第200生长次　　　　　　　　　（f）最终结构

图 8.34　六点支撑网壳优化过程

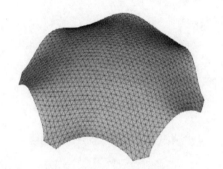

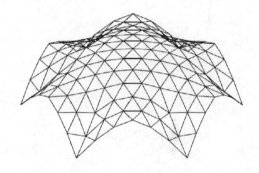

图 8.35　文献[17]找形结果　　　　　　　　图 8.36　文献[16]优化结果

　　优化过程中结构的应变能变化如图 8.37 所示，结构质量变化如图 8.38 所示。由图 8.37 可知，优化初、中期，结构应变能下降较快，在第 200 迭代生长次后结构应变能下降变缓。优化最终所得的结构应变能为 7890.4J，较初始结构下降了 37.0%。由图 8.38 可知，优化过程中，结构质量总体呈下降趋势，优化后结构质量减少了 0.83t，由此表明，本章形状优化设计方法能够有效提高该结构的承载力及刚度且不失经济性。

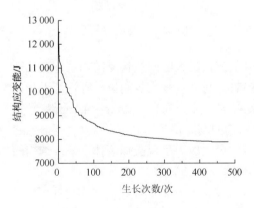

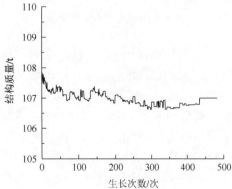

图 8.37　结构应变能变化曲线　　　　　　　图 8.38　结构质量变化曲线

优化过程中，节点最大竖向位移变化曲线如图8.39所示，节点平均竖向位移变化曲线如图8.40所示，杆件最大应力变化曲线如图8.41所示，杆件平均应力变化曲线如图8.42所示。

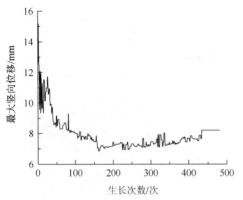

图 8.39　最大竖向位移变化曲线

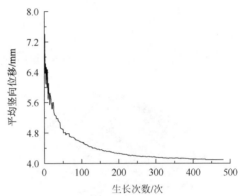

图 8.40　平均竖向位移变化曲线

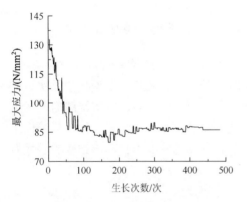

图 8.41　最大应力变化曲线

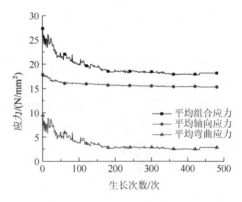

图 8.42　平均应力变化曲线

由图8.39及图8.40可知，优化过程中，节点最大竖向位移受结构整体变化影响，产生一定的波动，但其总体呈下降趋势，而节点平均竖向位移则逐渐下降，最终结构的节点最大竖向位移、节点平均竖向位移分别为 8.2mm、4.1mm，较初始结构分别下降了 45.9%、44.6%，表明结构的刚度得到提高。

由图8.41可知，优化过程中，结构杆件最大应力呈现类似规律，最终结构的杆件最大应力为 $86.1N/mm^2$，较初始结构下降了约 35.2%。

由图8.42可知，优化过程中，结构内力发生重分布，杆件的平均弯曲应力、平均组合应力、平均轴向应力均在逐渐下降，且下降幅度较为明显，最终结构的杆件平均组合应力、平均弯曲应力、平均轴向应力分别为 $18.1N/mm^2$、$2.9N/mm^2$、

15.3N/mm^2，较初始结构分别下降了约 33.7%、69.4%、14.1%。上述结果表明，经过形状优化设计的结构为一以轴向受力为主的形效结构，本节形状优化设计方法能够较好地改善结构的受力状态，提高结构的承载能力及刚度。

综上可得出以下结论：

①经过形状优化设计，六点支撑网壳结构的承载力及刚度等均得到了有效的提高。

②本节提出的形状优化设计方法能够处理多变量的大型复杂结构形状优化设计问题。

4）极限承载力分析

类似地，为充分了解形状优化设计对结构极限承载力的影响，分别对初始结构、第 20 生长次、第 50 生长次、第 100 生长次、第 200 生长次及最终结构进行静力稳定性分析，各参数选取与 8.4.1 节一致。静力稳定性分析所得的荷载–位移曲线如图 8.43 所示。

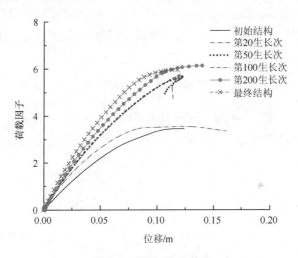

图 8.43　荷载–位移曲线

由图 8.43 可知，随着优化的进行，结构的极限承载力在逐渐提高，优化中后期，结构的极限承载力较为接近，但均明显高于初始结构及第 20 生长次对应的结构的极限承载力。从各生长次的曲线变化规律可知，在达到极限承载力之前，荷载–位移曲线的斜率随着优化的进行而不断增大，表明结构刚度也得到了提高。

8.3.2　自由曲面空间网格结构形状优化设计

1. 基于融合 GSL&PS-PGSA 的自由曲面空间网格结构形状优化设计方法

随着 B 样条理论[18]的发展及其在图形构建中的成功应用，建筑师能够根据自身想象力来自由构建曲面几何形状。与常规的解析曲面网格结构相比，自由曲面空间网格结构造型更为新颖、独特，更能满足建筑师对建筑造型灵活变幻的需求。然而，对于大多数自由曲面空间网格结构而言，在建筑设计方案拟定阶段，建筑师通常着重关注的是建筑外形的自由美观，但其对应的结构力学性能往往是不尽合理的。因此，结构工程师有必要在一定的设计域内对建筑结构进行形状优化设计，以获得形、态兼顾的合理结构。

为实现自由曲面空间网格结构的形状优化设计，在 8.4.1 节的基础上，本节针对自由曲面空间网格结构节点杂乱、数量多等特点，对形状优化设计变量的选取、调整方式等进行了变更，同时在优化方法中引入增强型随机多向搜索机制，以保证优化结构的整体光顺，增强优化方法的全局搜索能力，提高优化效率。

1）基于 B 样条曲线的初始结构创建

随着 B 样条理论的发展及其在图形构建中的成功应用，目前自由曲面结构的几何构建能够在 Rhino（Grasshopper）、CATIA、CAD 等软件中轻松实现。

B 样条曲线[18]由控制点、B 样条基函数及节点矢量来描述，B 样条曲线的定义为

$$C(\boldsymbol{u}) = \sum_{i=1}^{k} N_{i,m}(\boldsymbol{u}) P_i \tag{8.7}$$

式中，P_i 为曲线控制点；$\boldsymbol{u}$ 为方向节点矢量；$N_{i,m}(\boldsymbol{u})$ 为 $\boldsymbol{u}$ 方向上的 m 次 B 样条基函数，$N_{i,m}(\boldsymbol{u})$ 由德布尔算法递归公式定义：

$$N_{i,0}(\boldsymbol{u}) = \begin{cases} 1, & \boldsymbol{u}_i \leqslant \boldsymbol{u} \leqslant \boldsymbol{u}_{i+1} \\ 0, & \text{其他} \end{cases} \tag{8.8}$$

$$N_{i,m}(\boldsymbol{u}) = \frac{\boldsymbol{u} - \boldsymbol{u}_i}{\boldsymbol{u}_{i+m} - \boldsymbol{u}_i} N_{i,m-1}(\boldsymbol{u}) + \frac{\boldsymbol{u}_{i+m+1} - \boldsymbol{u}}{\boldsymbol{u}_{i+m+1} - \boldsymbol{u}_{i+1}} N_{i+1,m-1}(\boldsymbol{u}) \tag{8.9}$$

本节将采用蕴涵丰富 B 样条理论技术的 Rhino（Grasshopper）、CAD 等软件平台来创建自由曲面空间网格结构，为形状优化设计提供初始结构模型，限于篇幅，不对后文算例的初始模型创建进行详述。

2）设计变量的选取、调整思路

对于自由曲面空间网格结构，若对所有节点进行位置优化，计算量必将十分庞大，且结构整体的无序化调整将破坏结构的整体光顺。因此，为保证结构的光顺，借鉴常规空间网格结构优化设计变量的对称性选取思路，本节提出了广义形状参数来表征形状优化设计变量，定义广义形状参数 $\boldsymbol{\alpha}$ 为一包含结构多个节点坐标的参数，即

$$[n_1, n_2, \cdots, n_k, \cdots] \in \boldsymbol{\alpha} \tag{8.10}$$

式中，n_k 为广义形状参数 a 包含的自由曲面空间网格结构的第 k 个节点坐标。具体结构优化设计过程中，针对不同的自由曲面空间网格结构，基于结构的整体光顺及优化计算效率，将结构的节点坐标归入各广义形状参数 a_i，然后以广义形状参数 a_i 中某一节点坐标作为主优化设计变量、其余节点坐标作为附属优化设计变量（a_i 中附属优化设计变量根据主优化设计变量的变化幅度进行协同变化，即广义形状参数 a_i 中所有节点坐标调整幅度一致），按照 8.3.2 节的优化流程进行形状优化设计，如此优化既保障了结构的整体光顺性，也提高了优化效率。

上述优化设计变量的选取思路与前文常规空间网格结构的选取思路相似，两者均是为避免生成与工程实际脱离的奇异结构，将多个节点归并，以进行统一幅度调整。但两者的调整思路、实施方式有所差异，自由曲面空间网格结构确定的各广义形状参数 a_i 中的多个节点的坐标由于数值不统一，具体实现时通过 MATLAB 编程使广义形状参数 a_i 中所有节点的坐标调整幅度一致，以便导入 ANSYS 进行参数化建模，其调整、实施流程相对更为复杂、烦琐，而前文常规空间网格结构的形状优化设计变量主要根据结构对称性选取，其各对称组归并的所有节点的坐标数值具有一致性，因此实现较为简便。

3）增强型随机多向搜索机制

8.4.1 节形状优化设计方法的生长搜索机制包括混合步长并行搜索机制及随机多向搜索机制[1]。混合步长并行搜索机制是以设定的步长对所选生长点（$x_{\text{sel}-1,t}$ / $x_{\text{sel}-2,t}$）中单个形状优化设计变量进行增减或全部形状优化设计变量进行统一增减来生成新生长点，其设计变量组合相对单一，变量间的耦合性有待加强。随机多向搜索机制则是在混合步长并行搜索机制生成的生长点基础上，增加多个新生长点，每个新增加的生长点中各形状优化设计变量均以设定的步长（两个或两个以上）随机增减，各新生长点均是形状优化设计变量的随机组合。随机多向搜索机制的特性在一定程度上加强了形状优化设计变量间的耦合性，提高了优化的寻优能力。然而，已有的生长搜索机制涉及到的设计变量组合仍有限，较多的设计变量组合未被充分考虑，优化方法的全局搜索能力仍存在提升空间。

因此，为更为全面地考虑形状优化设计变量间的耦合关系，增加设计变量组合的多样性、随机性，提高优化方法在自由曲面空间网格结构优化设计问题上的优化效率及全局搜索能力，本节进一步在随机多向搜索机制的基础上引入增强型随机多向搜索机制。增强型随机多向搜索机制基于概率论组合思想，以随机多向搜索机制为基础增加多个新生长点，每个新增加的生长点中随机选择一个或多个形状优化设计变量以设定的步长随机增减，未选中的形状优化设计变量则不作增减。

增强型随机多向搜索机制的原理可表示为

$$x_{\text{new},k} = x_{\text{sel},t} + \text{step} \cdot t \tag{8.11}$$

式中，$x_{\text{new},k}$ 为由增强型随机多向搜索机制增加的第 k 个新生长点，step 为步长（可为设定的大步长、小步长等），$x_{\text{sel},t}$ 为第 t 迭代生长步选中的生长点($x_{\text{sel}-1,t}$ / $x_{\text{sel}-2,t}$)，其包含 n 个形状优化设计变量，$x_{\text{sel},t}$ 可表示为

$$x_{\text{sel},t} = \begin{bmatrix} x_1 \\ x_2 \\ \vdots \\ x_n \end{bmatrix} \tag{8.12}$$

t 为概率向量，t 可表示为

$$t = \begin{bmatrix} t_1 \\ t_2 \\ \vdots \\ t_n \end{bmatrix}, \quad t_i = \text{random}(0,1) \times (-1)^{\text{random}(1,2)}, \quad i = 1,2,\cdots,n \tag{8.13}$$

式中，random(0,1) 表示在 0、1 两数值中随机产生一个数值，random(1,2) 同理。

按照上述原理，根据步长 step 及所选生长点($x_{\text{sel}-1,t}$ / $x_{\text{sel}-2,t}$)的排列组合，即可生成多个新生长点。从增强型随机多向搜索机制的原理解析可知，增强型随机多向搜索机制具有双重随机性，其综合考虑了原有生长搜索机制难以涉及的形状优化设计变量组合，增加了变量组合的多样性，在一定程度上增强了变量间的耦合关系，可进一步提高优化的寻优能力。

2. 算法流程

依据上述的方法原理及特点，基于融合 GSL&PS-PGSA 的自由曲面空间网格结构形状优化设计流程如图 8.44 所示，相比于 8.4.1 节中基于融合 GSL&PS-PGSA 的空间网格结构形状优化设计方法及流程，其主要在 MTALAB 模块有以下改变（实线框内为改变部分）：

①根据结构特点及优化需求，确定广义形状参数的数目，并将各广义形状参数中的主优化设计变量定义为初始生长点 x_0，将 x_0 及其附属优化设计变量输出到 ANSYS 中进行结构分析，得到初始目标函数值 $f(x_0)$。

②以当前生长次所选的生长点为对象，基于混合步长并行搜索机制、随机多向搜索机制及增强型随机多向搜索机制，搜索当前次生长的新增生长点，同时根据各新增生长点（主优化设计变量）的变化幅度，生成相应的附属优化设计变量；剔除自身及其附属优化设计变量超出可行域、重复的新增生长点，筛选后，将保留的当前次生长的新增可生点及其附属优化设计变量输出到 ANSYS 进行结构分析。

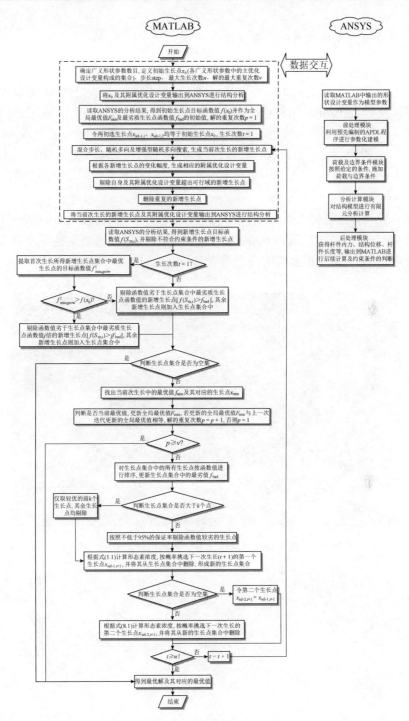

图 8.45　基于融合 GSL&PS-PGSA 的自由曲面空间网格结构形状优化设计流程

3. 蘑菇云网壳结构形状优化设计

1）结构参数

图 8.45 为某工程的自由曲面蘑菇云网壳。结构平面最大跨度为 26.617m，最大悬挑跨度为 13.026m，结构初始净高为 17.458m。初始结构的杆件截面分布如图 8.46 所示，黄色、绿色、青色、粉色及蓝色杆件所有钢管截面分别为 A140×6、A70×5、A273×8、A121×6 及 A273×6.5，钢材材质为 Q355B，弹性模量 $E = 2.06×10^5 \text{N/mm}^2$，密度 $\rho = 7850\text{kg} / \text{m}^3$。结构边界条件为底部节点的固定铰支座。

结构设计荷载包括永久荷载、活荷载及风荷载，永久荷载为 $0.6\,\text{kN/m}^2$，活荷载为 $0.5\,\text{kN/m}^2$，基本风压为 0.5kN/m^2，结构所处地区的地面粗糙度为 B 类，体型系数取为 1.3。荷载组合考虑四个垂直风向，如表 8.19 所示。

图 8.45　自由曲面蘑菇云网壳效果图

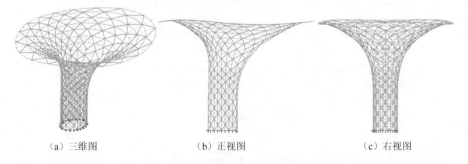

（a）三维图　　　　　　　（b）正视图　　　　　　　（c）右视图

图 8.46　自由曲面蘑菇云网壳（后附彩图）

表 8.19　荷载组合

类别	组合编号	组合
基本组合	1	1.3 永久荷载 + 1.5 活荷载
	2	1.3 永久荷载 + 1.5 活荷载 + 1.5×0.6 前风荷载
	3	1.3 永久荷载 + 1.5 活荷载 + 1.5×0.6 右风荷载
	4	1.3 永久荷载 + 1.5 活荷载 + 1.5×0.6 后风荷载
	5	1.3 永久荷载 + 1.5 活荷载 + 1.5×0.6 左风荷载
	6	1.3 永久荷载 + 1.5×0.7 活荷载 + 1.5 前风荷载
	7	1.3 永久荷载 + 1.5×0.7 活荷载 + 1.5 右风荷载
	8	1.3 永久荷载 + 1.5×0.7 活荷载 + 1.5 后风荷载
	9	1.3 永久荷载 + 1.5×0.7 活荷载 + 1.5 左风荷载
	10	1.0 永久荷载 + 1.5 前风荷载
	11	1.0 永久荷载 + 1.5 右风荷载
	12	1.0 永久荷载 + 1.5 后风荷载
	13	1.0 永久荷载 + 1.5 左风荷载
标准组合	14	1.0 永久荷载 + 1.0 活荷载
	15	1.0 永久荷载 + 1.0 活荷载 + 0.6 前风荷载
	16	1.0 永久荷载 + 1.0 活荷载 + 0.6 右风荷载
	17	1.0 永久荷载 + 1.0 活荷载 + 0.6 后风荷载
	18	1.0 永久荷载 + 1.0 活荷载 + 0.6 左风荷载
	19	1.0 永久荷载 + 0.7 活荷载 + 1.0 前风荷载
	20	1.0 永久荷载 + 0.7 活荷载 + 1.0 右风荷载
	21	1.0 永久荷载 + 0.7 活荷载 + 1.0 后风荷载
	22	1.0 永久荷载 + 0.7 活荷载 + 1.0 左风荷载

2）形状优化设计参数

为探索该蘑菇云网壳的更优形态，采用本节提出的自由曲面空间网格结构形状优化设计方法对其进行优化。鉴于建筑外形限制，因此，本算例将结构由上而下的 10 圈环向杆件节点的 z 向坐标归为 10 个广义形状参数设计变量（每圈节点的 z 向坐标归为一个广义形状参数），优化目标为结构应变能最小，初始结构应变能为 3422.3J，结构质量为 40.73t。约束条件包括容许挠度、容许长细比、杆件强度与稳定性等[11-12]。所用方法的大、小步长分别为 0.01m、0.001m，生长点集合限定值取为 100，解的最大重复次数为 100，最大生长次数为 1000，新增生长点剔除机制改进系数为 1.5。

3）形状优化设计结果

优化过程中结构的应变能变化如图8.47所示，结构的自重变化如图8.48所示。由图8.47（a）可知，优化过程中各荷载组合作用下的结构应变能均在逐渐减小，相比于初始结构，优化后结构的应变能均产生一定幅度下降，优化进程受荷载组合9控制，受限于结构特点，含左风荷载、前风荷载或后风荷载的荷载组合作用下的结构应变能对结构形状改变的敏感度相对低于无风荷载或含右风荷载的荷载组合。由图8.47（b）的结构应变能变化包络曲线可知，优化初、中期，结构应变能下降较快，在第100迭代生长次后结构应变能下降缓慢，表明优化已基本锁定最优解所在区间，进入收敛阶段，优化后结构的应变能为3093.6J，较初始结构下降了约9.6%。

由图8.48可知，优化过程中，结构的质量虽有所增加（约增加了2.5%，1.02t），但其带来的结构性能收益是可观的。

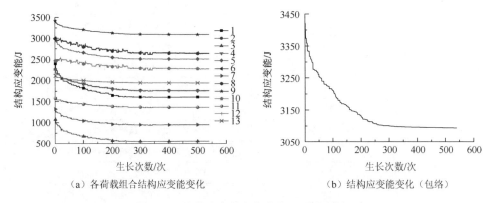

（a）各荷载组合结构应变能变化　　　　　　（b）结构应变能变化（包络）

图8.47　结构应变能变化曲线（后附彩图）

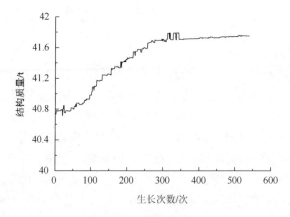

图8.48　结构质量变化曲线

　　结构优化设计过程如图 8.49 所示。由图 8.47 及图 8.49 可知，结构优化设计初、中期，优化区域的结构节点逐渐上升，结构的网格均匀性降低，但初、中期结构的应变能下降较快；结构优化设计到第 200 次后，已基本锁定最优解所在范围；结构优化设计后期，结构的网格随着坐标的微调变得越来越均匀，此阶段结构应变能下降较缓。与初始结构相比，最终所得结构的顶点标高约为 19m，其外形相对"魁梧壮实"，更符合力学构形。总体上，最终结构兼顾了"形、态"。上述优化结果表明，在限定范围内，优化的趋势是使结构受力更为合理，并兼顾建筑美感及网格均匀。

　　优化过程中，荷载标准组合作用下结构节点最大竖向位移、平均竖向位移变化曲线分别如图 8.50、图 8.51 所示。

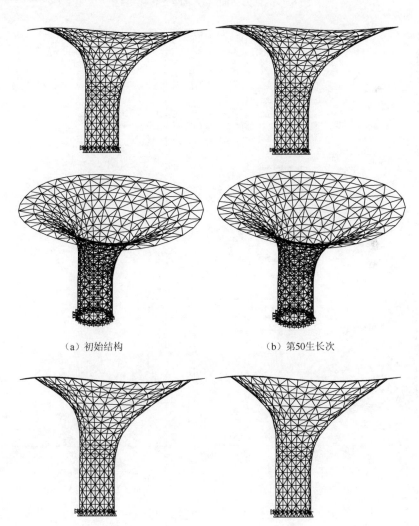

（a）初始结构　　　　　　　　　　　　　　（b）第50生长次

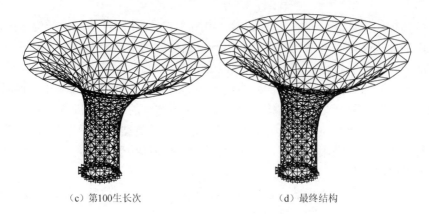

（c）第100生长次　　　　　　　　　　　（d）最终结构

图 8.49　自由曲面蘑菇云网壳优化过程

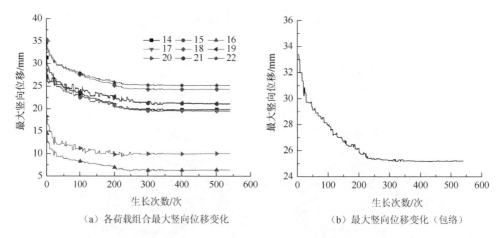

（a）各荷载组合最大竖向位移变化　　　　　　（b）最大竖向位移变化（包络）

图 8.50　最大竖向位移变化曲线

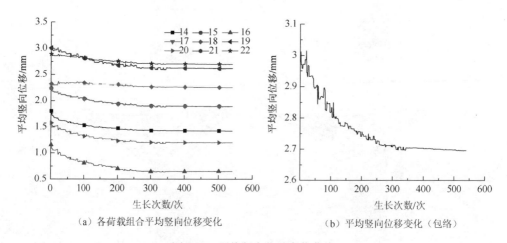

（a）各荷载组合平均竖向位移变化　　　　　　（b）平均竖向位移变化（包络）

图 8.51　平均竖向位移变化曲线

　　由图 8.50 可知，优化过程中，各标准组合作用下的结构节点最大竖向位移均随着优化的进行逐渐下降，由图 8.50（b）的最大竖向位移变化包络曲线可知，相比于初始结构，优化后的结构节点最大竖向位移下降了约 28.6%。

　　由图 8.51 可知，各标准组合作用下的结构节点平均竖向位移均呈现逐渐下降的趋势，但下降幅度不大，由图 8.51（b）的平均竖向位移变化包络曲线可知，相比于初始结构，优化后的结构节点平均竖向位移下降了约 10.3%。出现上述节点平均竖向位移下降幅度不明显现象的主要原因是统计节点平均竖向位移时包含了未优化区域（结构下部）的节点，未优化区域的节点数量庞大且竖向位移受上部优化影响较小。但结合图 8.50 及图 8.51 可知，总体上优化区域的节点竖向位移下降幅度是明显的，经过优化，整个结构的刚度得到了提升。

　　图 8.52 为荷载基本组合作用下的结构杆件最大应力变化曲线。由图 8.52（a）可知，优化过程中，由于节点位置的反复调整及结构内力重分布，各组合作用下结构杆件最大应力均出现上下浮动现象，但总体趋势是下降的，随着优化的进行，杆件的最大应力在逐渐减小。由图 8.52（b）可知，相比于初始结构，优化后的结构杆件最大应力约下降了 14.6%。

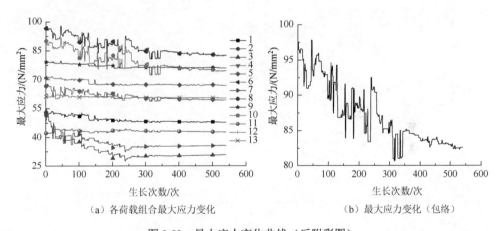

（a）各荷载组合最大应力变化　　　　　　　　（b）最大应力变化（包络）

图 8.52　最大应力变化曲线（后附彩图）

　　图 8.53 为基本组合作用下的结构杆件平均应力变化曲线。由图 8.53 可知，优化过程中，结构内力发生重分布，各组合作用下的结构杆件的平均组合应力、平均轴向应力及平均弯曲应力变化规律类似，由包络曲线可知，最终结构的平均组合应力、平均轴向应力、平均弯曲应力较初始结构分别下降了 7.8%、5.1%、12.8%。总体而言，形状优化设计使结构的受力状态得到改善。

　　综上可得：经过形状优化设计，自由曲面蘑菇云网壳结构的应变能、杆件应力、节点竖向位移等均有一定幅度的下降，表明本节所提出的自由曲面空间网格结构形状优化设计方法能够有效改善结构受力性能，其在自由曲面空间网格结构领域亦凸显出良好的适用性及有效性。

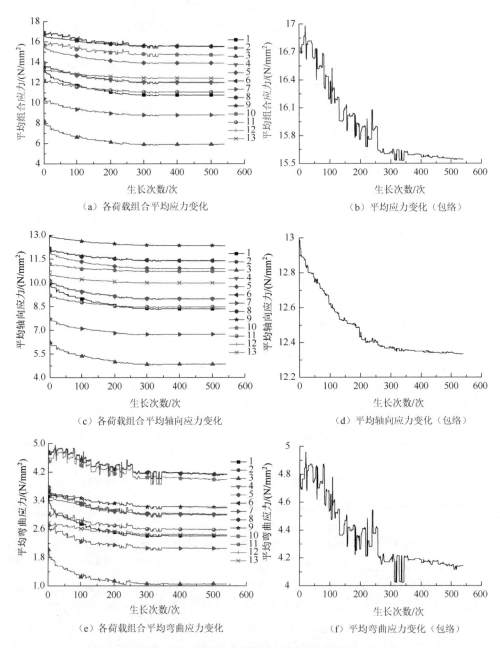

图 8.53　平均应力变化曲线（后附彩图）

4）极限承载力分析

为充分了解优化过程中节点变化对结构极限承载力的影响，对初始结构、第10、50、100 生长次及最终结构进行静力稳定性分析，考虑几何、材料非线性，钢材采用双线性等向强化本构模型，所分析的自由曲面蘑菇云网壳结构平均悬挑跨度约 10m，规程[11]建议的缺陷幅值为跨度的 1/300，考虑最大悬挑等不利因素的影响，分析取缺陷幅值为 10cm[19]。限于篇幅，仅取以下较为不利的 5 种荷载组合进行极限承载力分析：①永久荷载＋活荷载；②永久荷载＋活荷载＋右风荷载；③永久荷载＋活荷载＋前风荷载；④永久荷载＋活荷载＋后风荷载；⑤永久荷载＋活荷载＋左风荷载。

静力稳定性分析所得的各荷载组合的荷载-位移曲线如图 8.54 所示。

由图 8.54 可知，随着优化的进行，各荷载组合作用下的结构极限承载力均在逐渐提高，提高幅度因荷载组合而异，组合①、②作用下的结构的极限承载力提

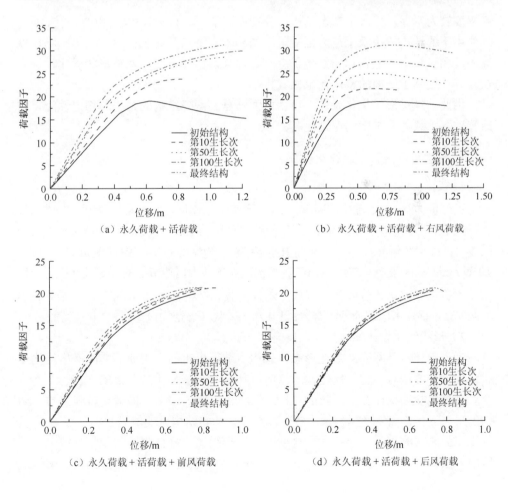

（a）永久荷载＋活荷载　　　　　　　　（b）永久荷载＋活荷载＋右风荷载

（c）永久荷载＋活荷载＋前风荷载　　　　（d）永久荷载＋活荷载＋后风荷载

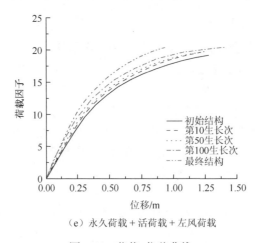

（e）永久荷载 + 活荷载 + 左风荷载

图 8.54　荷载-位移曲线

高幅度较为明显，相比于初始结构，分别提高了 64.7%、64.9%，而组合③、④、⑤作用下的结构的极限承载力则受限于结构本身特点及荷载作用方式等影响，提高幅度相对较小，但较初始结构仍有一定提高。由此表明，本节形状优化设计方法较好地提高了结构的整体稳定性。

　　由此，经过形状优化设计，自由曲面蘑菇云网壳结构的结构的稳定性能得到改善，其承载力及刚度均得到提高。

4. 飘带网壳结构形状优化设计

1）结构参数

　　进一步选取一自由曲面飘带网壳进行形状优化设计，如图 8.55 所示，飘带结构由母线沿着准线平移生成，网壳 x、y 向跨度分别为 20m、30m。初始结构杆件统一采用 A127×7 钢管，相贯节点连接。钢材材质为 Q355B，弹性模量 $E = 2.06 \times 10^5 N / mm^2$，密度 $\rho = 7850 kg / m^3$。结构边界条件为周边节点的固定铰支座。结构承受的荷载考虑永久荷载和活荷载，永久荷载为结构自重及 0.8kN/m²，活荷载为0.5kN/m²，优化考虑的荷载组合为：1.0 永久荷载（含结构自重）+ 1.0 活荷载。

2）形状优化设计参数

　　为探索该飘带网壳的最佳形态，采用本节所提出的自由曲面空间网格结构形状优化设计方法对其进行优化。本算例将具有同一 x 坐标的节点的 z 坐标归为 1 个广义形状参数设计变量，共 11 个（不含 $x = 0$ 及 $x = 20$），即调整母线来实现结构的形态变化，优化目标为结构应变能最小，初始结构应变能为 5860.5J，结构质量为 26.98t。约束条件包括容许挠度、容许长细比、杆件强度与稳定性等[11-12]。所用方法的大、小步长分别为 0.1m、0.01m，生长点集合限定值取为 100，解的最大重复次数为 100，最大生长次数为 1000，新增生长点剔除机制改进系数为 1.5。

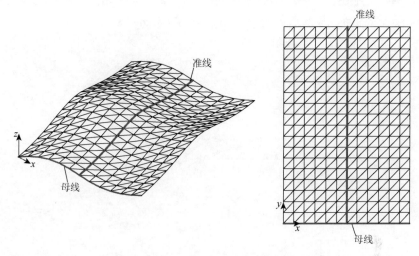

图 8.55　自由曲面飘带网壳初始模型

3）形状优化设计结果

图 8.56 展示了结构的优化过程，由图 8.56 可知，优化过程中结构节点逐渐上拱下凹，母线弧度越来越明显，迭代生长达到 100 次后，优化主要是对结构进行细部调整，趋向于受力更为合理的形效结构。

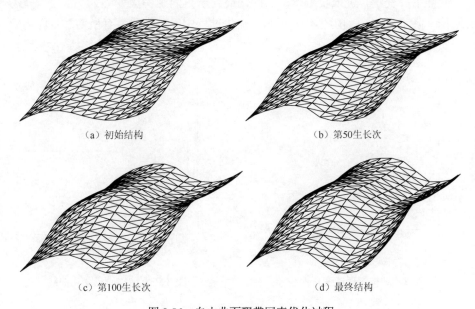

（a）初始结构　　　　　　　　　　　　　（b）第50生长次

（c）第100生长次　　　　　　　　　　　（d）最终结构

图 8.56　自由曲面飘带网壳优化过程

图 8.57 绘制了结构优化设计过程中母线上的节点坐标变化。可看出，结构左侧逐渐上拱，右侧逐渐下凹。最终结构的母线最高点约为 2m，最低点约为-2m（初始结构的母线最高、最低点分别为 1.160m、-0.857m）。

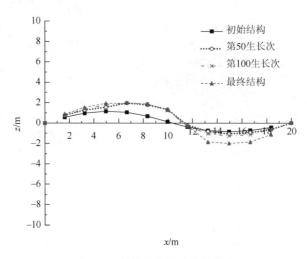

图 8.57　母线上的节点坐标变化

优化过程中结构的应变能变化如图 8.58 所示，结构质量变化如图 8.59 所示。由图 8.58 可知，优化初、中期，结构应变能下降较快，在第 200 迭代生长次后结构应变能下降变缓，进入收敛阶段。优化最终所得的结构应变能为 2034.5J，较初始结构下降了 65.3%。由图 8.59 可知，优化过程中，结构质量有所增加，优化后，结构质量增加了约 4.4%。

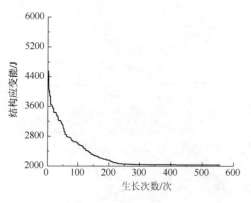

图 8.58　结构应变能变化曲线

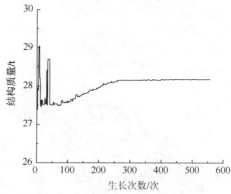

图 8.59　结构质量变化曲线

优化过程中，节点最大竖向位移变化曲线如图 8.60 所示，节点平均竖向位移变化曲线如图 8.61 所示，杆件最大应力变化曲线如图 8.62 所示，杆件平均应力变化曲线如图 8.63 所示。

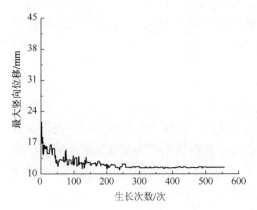

图 8.60　最大竖向位移变化曲线

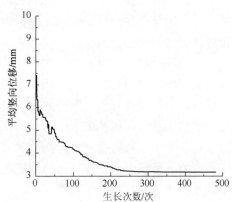

图 8.61　平均竖向位移变化曲线

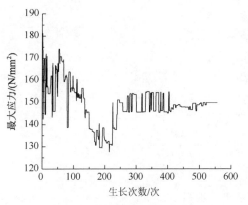

图 8.62　最大应力变化曲线

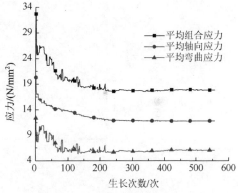

图 8.63　平均应力变化曲线

由图 8.60 及图 8.61 可知，优化前期，节点最大竖向位移、平均竖向位移均下降明显，整个优化过程中，受结构整体变化影响，节点最大竖向位移波动明显，但其总体呈下降趋势，而节点平均竖向位移则逐渐下降，最终结构的节点最大竖向位移、节点平均竖向位移分别为 11.5mm、3.2mm，较初始结构分别下降了 73.6%、67.6%，表明结构的刚度得到提升。

由图 8.62 可知，优化过程中，结构杆件最大应力出现上下浮动现象，但总体趋势是下降的，随着优化的进行，杆件的最大应力在逐渐减小，最终结构的杆件最大应力为 149.9N/mm^2，较初始结构下降了约 17.3%。由图 8.63 可知，优化过程中，结构内力发生重分布，杆件的平均弯曲应力、平均组合应力、平均轴向应力均在逐渐下降，且下降幅度较为明显，最终结构的杆件平均组合应力、平均弯曲应力、平均轴向应力分别为 17.8N/mm^2、6.0N/mm^2、11.8N/mm^2，较初始结构分别下降了约 45.6%、51.6%、41.9%。上述结果表明，本节形状优化设计方法能够较好地改善结构的受力状态，提高结构的承载能力。

　4）极限承载力分析

　　类似地，对初始结构、第 50 生长次、第 100 生长次、第 200 生长次及最终结构进行静力稳定性分析，所得的荷载-位移曲线如图 8.64 所示。由图 8.64 可知，随着优化的进行，结构的极限承载力在逐渐提高，优化中后期，结构的极限承载力（荷载因子）较为接近，但均明显高于初始结构的极限承载力。最终结构的极限承载力（荷载因子）较初始结构提高了 39%，表明经过形状优化设计，该网壳结构的整体稳定性得到了改善。

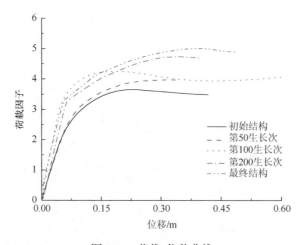

图 8.64　荷载-位移曲线

　5）网格均匀化处理

　　上述网壳初始结构的网格尺寸较为均匀，而优化后的最终结构网格尺寸出现了一定的差异（图 8.56），为满足建筑需求，可对结构网格进行均匀化处理。本节所采用的网格均匀化处理方法如下。

　　①提取最终生长步所得的母线上节点作为离散点。

　　②拟合离散点重新生成母线，并等长划分母线。

　　③母线沿着准线平移，生成均匀化处理后的自由曲面网壳。

　　经处理后的网壳结构如图 8.65 所示。

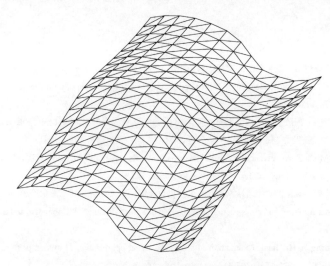

图 8.65　网格均匀化处理后的最终结构

　　最终结构经网格均匀化处理后，结构的力学性能也将发生一定变化，对处理后的结构进行分析，所得结果如表 8.20 所示。由表 8.20 可知，经网格均匀化处理后，优化最终所得结构存在的瑕疵得到了有效处理，结构的形态变得更为合理，结构的刚度及承载力均得到了进一步提高。由此表明，网格均匀化处理可在一定程度上弥补该网壳优化存在的结构"形""态"瑕疵。

表 8.20　网格均匀化处理前后结构的力学性能对比

评价指标	网格均匀化处理前	网格均匀化处理后	变化幅度
应变能	2034.5J	1856.6J	−8.7%
最大竖向位移	11.5mm	9.8mm	−14.8%
平均竖向位移	3.2mm	3.0mm	−6.3%
最大应力	149.9N/mm^2	118.3N/mm^2	−21.1%
平均组合应力	17.8N/mm^2	17.2N/mm^2	−3.4%
平均轴向应力	11.8N/mm^2	11.6N/mm^2	−1.7%
平均弯曲应力	6.0N/mm^2	5.6N/mm^2	−6.7%
极限承载力（荷载因子）	5.0	6.7	34%

　　上述网壳结构的网格均匀化处理在一定程度上兼顾了结构的形态，但针对不同的结构，网格均匀化处理也可能存在顾此失彼的问题（"形""态"两者不可兼得）[10, 20]，因此，设计者可根据实际结构特点及相关需求评估是否对优化所得最终结构进行网格均匀化处理。

参 考 文 献

[1]　潘文智. 基于模拟植物生长算法的空间结构拓扑优化方法研究[D]. 广州：华南理工大学，2019.

[2]　Rosenbrock H H. An automatic method for finding the greatest or least value of a function[J]. Computer Journal，1960，3（3）：175-184.

[3]　李永梅，张毅刚. 离散变量结构优化的 2 级算法[J]. 北京工业大学学报，2006，32（10）：883-889.

[4]　孙焕纯，柴山，王跃方. 离散变量结构优化设计[M]. 大连：大连理工大学出版社，1995.

[5]　Schmit L A，Miura H. An advanced structural analysis/synthesis capability：ACCESS 2[J]. International Journal for Numerical Methods in Engineering，1978，12（2）：353-377.

[6]　张卓群. 基于蚁群算法的输电塔结构离散变量优化设计[D]. 大连：大连理工大学，2014.

[7]　Gil L，Andreu A. Shape and cross-section optimization of a truss structure[J]. Computers and Structures，2001，79（7）：681-689.

[8]　Wang D，Zhang W H，Jiang J S. Combined shape and sizing optimization of truss structures[J]. Computational Mechanics，2002，29（4-5）：307-312.

[9]　隋允康，高峰，龙连春，等. 基于层次分解方法的桁架结构形状优化[J]. 计算力学学报，2006，23（1）：46-51.

[10]　胡理鹏. 自由曲面单层空间网格结构形态及拓扑优化[D]. 南京：东南大学，2015.

[11]　中国建筑科学研究院. 空间网格结构技术规程：JGJ 7—2010[S]. 北京：中国建筑工业出版社，2010.

[12]　中冶京诚工程技术有限公司. 钢结构设计标准：GB 50017—2017[S]. 北京：中国建筑工业出版社，2017.

[13]　中国建筑科学研究院. 建筑结构荷载规范：GB 50009—2012[S]. 北京：中国建筑工业出版社，2012.

[14]　韩庆华，陈越，曾沁敏，等. 大跨度球面网壳结构的风振系数研究[J]. 地震工程与工程振动，2007，27（1）：38-45.

[15]　周岱，舒新玲. 单层球面网壳结构的风振及其参数分析[J]. 空间结构，2003，9（3）：6-12.

[16]　何永鹏. 网壳结构多约束截面优化及考虑设计相关荷载的形状优化研究[D]. 广州：华南理工大学，2019.

[17]　Li Q P. Form follows force：A theoretical framework for structural morphology and form-finding research on shell structures[D]. Delft：Delft University of Technology，2018.

[18]　Piegl L，Tiller W. 非均匀有理 B 样条：第 2 版[M]. 赵罡，穆国旺，王拉柱，译. 北京：清华大学出版社，2010.

[19]　赵阳，田伟，苏亮，等. 世博轴阳光谷钢结构稳定性分析[J]. 建筑结构学报，2010，31（5）：27-33.

[20]　冯若强，葛金明，叶继红. 自由曲面索支撑空间网格结构形态优化[J]. 土木工程学报，2013，46（4）：64-70.

彩　　图

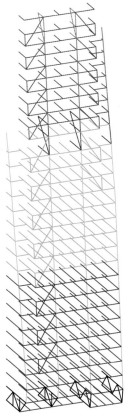

① ————
② ————
③ ————
④ ————
⑤ ————
⑥ ————
⑦ ————
⑧ ————
⑨ ————

图 6.9　杆件分组情况

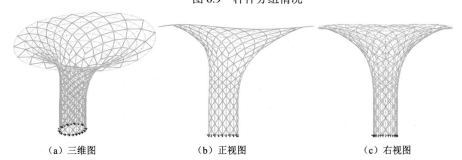

（a）三维图　　　　　　　（b）正视图　　　　　　　（c）右视图

图 8.46　自由曲面蘑菇云网壳

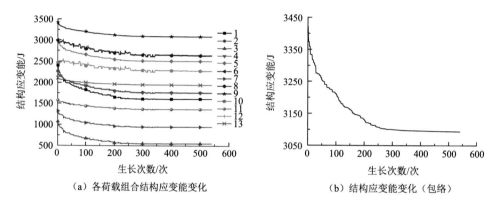

（a）各荷载组合结构应变能变化

（b）结构应变能变化（包络）

图 8.47　结构应变能变化曲线

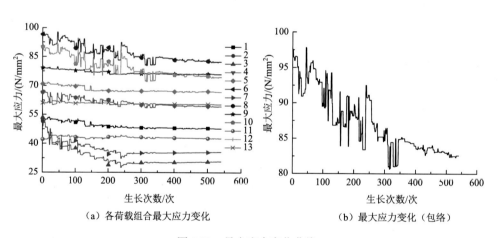

（a）各荷载组合最大应力变化

（b）最大应力变化（包络）

图 8.52　最大应力变化曲线

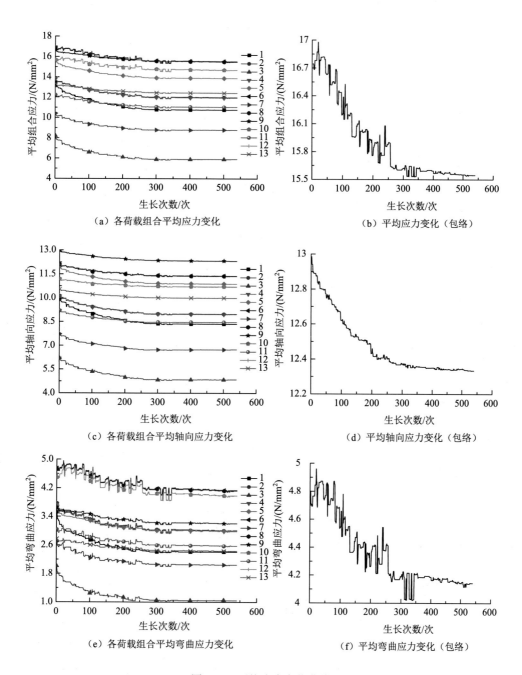

图 8.53 平均应力变化曲线